送电线路施工技术

主　编　李付林

副主编　马宇辉　许　剑

中国水利水电出版社

www.waterpub.com.cn

·北京·

内 容 提 要

本书根据多年输变电线路施工经验，结合现行相关标准规范，立足电网企业新进员工培训而编写。共分为6章，主要讲述送电线路关键施工技术，重点介绍送电线路及其施工、送电线路全真模型、杆塔组立施工、架线施工、电力电缆安装施工、考试要求与考试内容等，对整个送电线路施工技术进行了阐述。

图书在版编目（CIP）数据

送电线路施工技术 / 李付林主编. -- 北京：中国
水利水电出版社，2022.10
ISBN 978-7-5226-1010-8

Ⅰ．①送… Ⅱ．①李… Ⅲ．①输电线路－架线施工－
技术培训－教材 Ⅳ．①TM726

中国版本图书馆CIP数据核字(2022)第177745号

书　　名	**送电线路施工技术** SONGDIAN XIANLU SHIGONG JISHU
作　　者	主　编　李付林 副主编　马宇辉　许　剑
出版发行	中国水利水电出版社 （北京市海淀区玉渊潭南路1号D座　100038） 网址：www.waterpub.com.cn E-mail：sales@mwr.gov.cn 电话：(010) 68545888（营销中心）
经　　售	北京科水图书销售有限公司 电话：(010) 68545874、63202643 全国各地新华书店和相关出版物销售网点
排　　版	中国水利水电出版社微机排版中心
印　　刷	清淞永业（天津）印刷有限公司
规　　格	184mm×260mm　16开本　11.75印张　243千字
版　　次	2022年10月第1版　2022年10月第1次印刷
印　　数	0001—2000册
定　　价	**78.00元**

本书编委会

主　　编　李付林

副 主 编　马宇辉　许　剑

编写人员　程　军　李　磊　徐志勇　蔡成立　刘田野

柳建超　黄俊鹏　张屹修　程　果　粮鑫宇

郑广晶　吴永良　王静威　吕子成　曾　雍

朱元峰　王国通　杨　浩　朱建阳　陈宇航

卢邦定　王庆福　陈　硕　汪　涛　郑子超

范虹兴　葛旭东　张鹏宇　蒋睿鹏　黄伟进

杨剑勇　蒋洪青　陈　杰

Preface

序

  为更有针对性地解决现场施工的实际问题，突出送电线路施工技能教学中的重难点，同时也为更规范地配合送电线路全真模型的教学使用，更大限度地发挥其教学作用，国网金华供电公司特编制《送电线路施工技术》一书作为教学用书，用于辅助教学活动的开展。

  本书从送电线路施工实际出发，分为送电线路及其施工、送电线路全真模型、杆塔组立施工、架线施工、电力电缆安装施工以及考试要求与考试内容6个部分。相比于以往的教材，本书更加注重结合工程现场的实际以及学员在送电线路施工技术学习中的薄弱环节，重点强调学员的会计算、会操作，同时精确地配合送电线路全真模型的实际功能进行相关内容编写，使学员在理论知识的学习中能够有更为直观的感受，进而充分提高学习的质量与效率。

  希望国网金华供电公司送电线路专业的全体同仁能够在本书的帮助下，大力传承自力更生、自强不息、自主创新、自我奉献的"老浙西"电力精神，弘扬"应干必干、干必干好"的务实作风，拿出"见红旗就扛、见第一就争"的精神气质、血性勇气，实操实干，苦练技能，争当电网建设的"金字招牌"，发挥优势、扛旗争先，为加快打造浙中枢纽型新型电力系统市级示范区贡献送电力量。

  同时，也希望本书的出版能为送电线路施工技术人才培养的全新模式，在国网金华供电公司、国家电网公司乃至整个电力行业的推广应用提供有益帮助、发挥重要的推动作用。

国网金华供电公司总经理、党委副书记

Foreword
前言

在目前，送电线路施工技术的教学中多为理论知识的教授。当涉及现场实操部分的教学时，受限于学员资质、现场安全风险等因素，开展起来较为困难，从而影响新员工的学习进度与效果。为此，金华送变电工程有限公司研制了一套送电线路全真模型用于 220kV 及以下的送电线路施工技术教学，并编写本书作为培训教材，以期指导提升送电线路施工人员的理论知识水平和技能操作水平。

送电线路施工作业主要包括土建和电气两个部分，在电气部分又包括立塔、架线、电缆安装三个方面。本书将结合送电线路全真模型的实际功能，并针对电气部分三个方面的送电线路施工技术教学进行详细阐述。

全书共分 6 章，由李付林任主编，其中第 1 章由许剑负责编写，主要叙述送电线路基础知识及施工步骤等。第 2 章由刘田野、张屹修负责编写，主要叙述送电线路全真模型的研究背景、简介及应用等内容。第 3 章由李磊、柳建超、稂鑫宇负责编写，主要叙述杆塔组立施工中的外拉线落地抱杆立塔、内拉线悬浮抱杆立塔、汽车吊立塔、地锚及拉线设置、接地装置安装等内容。第 4 章由李磊、郑广晶、吴永良负责编写，主要叙述架线施工中的张力放线、平衡挂线和紧线、弧垂观测、附件安装等内容。第 5 章由许剑、黄俊鹏负责编写，主要叙述电力电缆安装施工中的概述、各交接面注意事项、输送机敷设电缆、电缆上塔、电缆接头制作预处理、电力电缆试验等内容。第 6 章由程军、张屹修负责编写，主要叙述前 5 章中各项教学内容对应的考试要求和考试内容。

本书编写人员均为一线生产技术人员，教材内容贴近现场实际，具有实用性好、针对性强等特点。

本书由张弓、汪建勤审阅，并提出许多宝贵意见，在此表示感谢。在本书编写过程中得到了诸多领导及同事的支持与帮助，使内容有了较大的改进，在此表示衷心的感谢。

由于编者水平有限，书中难免存在不妥和错误之处，恳请读者批评指正。

编者

2022 年 3 月

Contents

目录

第 1 章

送 电 线 路 及 其 施 工

1.1 送电线路基础知识

1.1.1 送电线路分类

电力系统包括发电厂、电力网和用电设备。电力网包括变电所和各种不同电压等级的送电线路。送电线路是连接发电厂和用电设备的枢纽。

（1）送电线路按架设方法可分为架空线路和电力电缆。

架空线路将输电导线用绝缘子和金具架设在杆塔上，使导线对地面和建筑物保持一定的安全距离。架空线路具有投资少、维护检修方便等优点，因而得到广泛应用；其缺点是易遭受风雪、雷击等自然灾害影响，发生事故的概率较高。

电力电缆利用埋设在地下或敷设在电缆沟中的电力电缆来输送电力。电力电缆的优点是占地少，不受外界干扰，运行比较安全，不影响地表绿化和整洁；缺点是过程造价高，运行维护和检修比较困难。

（2）送电线路按输送电流的种类可分为交流送电线路和直流送电线路两种。

交流送电线路的电流输送过程为：发电厂发出的交流电升压后，经过各级输电线路和无数次降压后送给用电设备使用。

直流送电线路的电流输送过程为：发电厂发出的交流电整流为直流电后输送到受电地区，再将直流电逆变为交流电，提供给用电设备使用。

电力系统构成如图 1-1 所示。

1.1.2 送电线路电压等级

以大地电位作为参考点（零电位），线路导线均需处于由电源所施加的高电压下，此电压称为送电电压。通常将 35kV 及以下电压等级的送电线路称为配电线路，110～220kV 电压等级的送电线路称为高压线路（HV），330～750kV 电压等级的送电线路称为超高压线路（EHV），750kV 以上电压等级的送电线路称为特高压线路（UHV）。

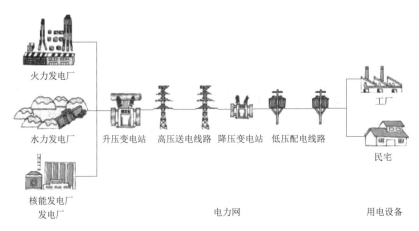

图 1-1 电力系统构成示意图

我国现在交流送电线路主要采用的电压等级包括 35kV、110kV、220kV、330kV、500kV、750kV 和 1000kV，直流送电线路主要采用的电压等级包括 ±500kV、±660kV 和 ±800kV。

送电线路中，杆塔高度、绝缘子片数、导线分裂数以及各相导线之间的间距等指标对应着不同的电压等级，辨别不同电压等级最简单直观的方法就是观察标识牌，每一个杆塔都挂有电压等级的标识牌。杆塔结构如图 1-2 所示。在乡镇较为常见的水泥杆的电压等级一般都是 220V 或 380V，较高一点的水泥杆的电压等级为 10kV 左右；在城市中常见的水泥杆的电压等级一般都在 10kV 左右。35kV 混凝土杆塔高度在 12m 左右；35kV 以上电压等级送电线路杆塔因地形、交跨等因素的影响，杆塔高度不统一。一般来说，输送电能容量越大，线路采用的电压等级就越高。

图 1-2 杆塔结构示意图

1—铁塔；2—导线；3—绝缘子；4—间隔棒；5—地线

绝缘子片数能较好地反映电压等级。《110kV～750kV 架空输电线路设计规范》（GB 50545—2010）规定在海拔 1000m 以下的地区，操作过电压及雷电过电压要求悬垂绝缘子最少的绝缘子片数不应少于表 1-1 中的数值，耐张绝缘子串的绝缘子片数在表 1-1 的基础上增加，110～330kV 送电线路增加 1 片，500kV 送电线路增加 2 片，750kV 送电线路不需要增加片数。

表 1 - 1   操作过电压及雷电过电压要求的悬垂绝缘子串的最少绝缘子片数

项　目	标　准　电　压/kV				
	110	220	330	500	750
单片绝缘子高度/mm	146	116	146	155	170
绝缘子片数/片	7	13	17	25	32

由于交流电有趋肤效应，导线中间几乎没有电流通过，因此对于电压等级较高的线路，为了节约材料、减轻重量而采用分裂导线。采用分裂导线比同等半径导线降低了导线的电抗，导线表面的电场强度也越低，电晕就越小，损耗也小。通常 220kV 为 2 分裂，500kV 为 4 分裂，750kV 为 6 分裂，1000kV 为 8 分裂。

当导线受到风力、覆冰等作用时，会使导线相间距离缩短，可能发生闪络等问题，因此，在不同电压等级下，各相导线之间的间距也有所不同，一般电压等级越高，间距越大。根据《110kV～750kV 架空输电线路设计规范》（GB 50545—2010）规定，对于 1000m 以下档距，不同电压等级和档距的水平、垂直线间距离不得小于表 1 - 2 和表 1 - 3 的数值。

表 1 - 2   水平线间距离和档距、电压之间的关系表

标称电压/kV	水平线间距离、档距/m			
110	3.5、300	4、375	4.5、150	
220	5.5、440	6、525	6.5、615	7、700
330	7.5、525	8、600	8.5、700	
500	10、525	11、650		
750	13.5、500	14、600	14.5、700	15、800

表 1 - 3   垂直线间距离和电压之间的关系表

标称电压/kV	110	220	330	500	750
垂直线间距离/m	3.5	5.5	7.5	10.0	12.5

1.1.3　送电线路的组成

1.1.3.1　架空线路的组成

架空线路架设在地面之上，由杆塔基础、杆塔、导线、绝缘子、线路金具、接地装置等构成。

1. 杆塔基础

架空线路杆塔基础分类方式主要有以下三种：

（1）按杆塔型式，可分为直线杆塔基础、耐张杆塔基础、转角杆塔基础、特种杆塔基础。

（2）按基础受力方式，可分为下压基础、上拔基础、倾覆基础。

（3）按基础结构型式，可分为多种，包括板式基础、台阶式基础、斜插式基础、掏挖式基础、灌注桩基础、岩石锚杆基础、岩石嵌固基础、复合沉井式基础、联合基础等，如图1-3所示。

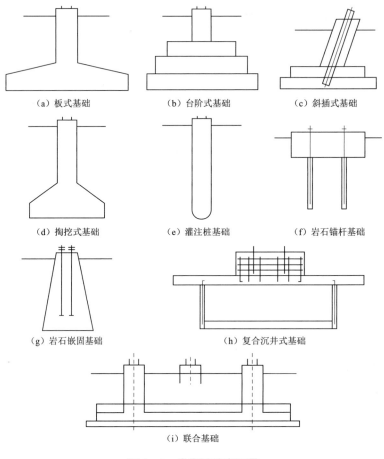

（a）板式基础 　　　　（b）台阶式基础 　　　　（c）斜插式基础

（d）掏挖式基础 　　　　（e）灌注桩基础 　　　　（f）岩石锚杆基础

（g）岩石嵌固基础 　　　　　　（h）复合沉井式基础

（i）联合基础

图1-3　常见基础类型图

基础型式的选择应根据杆塔型式，结合沿线地质、所受载荷、施工条件等特点综合考虑。一般优先选择原状土基础，如板式基础、台阶式基础；对于流沙或软弱地层，则一般采用灌注桩基础、复合沉井式基础。

2. 杆塔

架空线路杆塔分类方式主要有以下四种：

（1）按杆塔用途，可分为直线型杆塔、耐张型杆塔（又可分为直线耐张型杆塔、转角型杆塔、终端型杆塔）和特殊型杆塔（又可分为跨越杆塔、换位杆塔、分支杆塔）。

（2）按杆塔导线回路数，可分为单回路杆塔、双回路杆塔和多回路杆塔。

（3）按杆塔结构型式分，可分为拉线型杆塔、自立式杆塔。自立式杆塔又分为角钢塔、钢管塔、钢管杆及特种塔。拉线型杆塔能充分利用材料的强度特性而减少钢材耗用量，但占地面积较大。自立式杆塔具有占地面积小、结构性能稳定等特点，是近年来应用较多的一种塔型。

（4）按塔型分，可分为上字型塔、酒杯型塔、猫头型塔、干字型塔、羊角型塔、双回路塔、V型塔、门型塔、钢管杆，如图1-4所示。

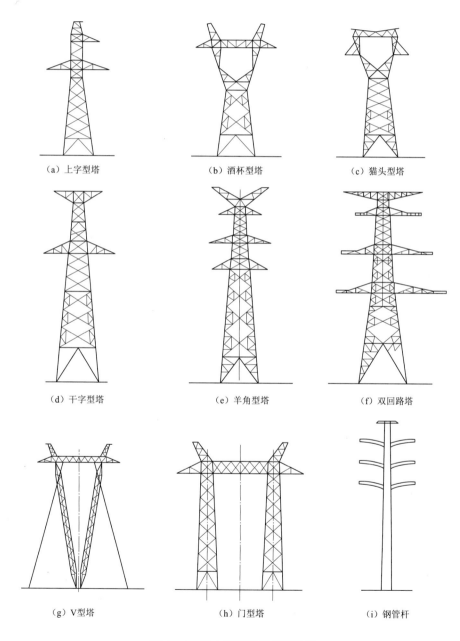

（a）上字型塔　　（b）酒杯型塔　　（c）猫头型塔

（d）干字型塔　　（e）羊角型塔　　（f）双回路塔

（g）V型塔　　（h）门型塔　　（i）钢管杆

图1-4　送电线路常用杆塔塔型

3. 导线

架空线路的分类方式主要有以下三种：

（1）按架空线用途，可分为导线、避雷线、耦合地线、屏蔽地线、复合光缆。

（2）按架空线材料，可分为钢绞线、铝绞线、铝合金绞线、钢芯铝绞线、防腐型钢芯铝绞线、复合光缆、铜绞线。

（3）按架空线结构，可分为单股导线、单金属多股绞线、钢芯铝绞线、扩径钢芯铝绞钱、空心导线、钢铝混绞线、钢芯铝包钢绞线、铝包钢绞线避雷线、分裂导线。架空线截面结构如图1-5所示。

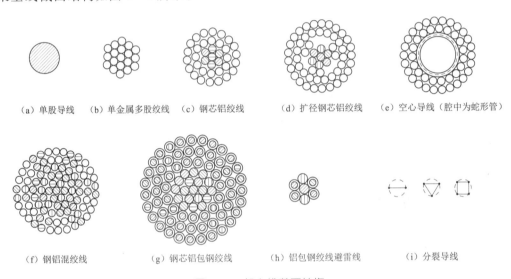

(a) 单股导线　　(b) 单金属多股绞线　　(c) 钢芯铝绞线　　(d) 扩径钢芯铝绞线　　(e) 空心导线（腔中为蛇形管）

(f) 钢铝混绞线　　　　(g) 钢芯铝包钢绞线　　　　(h) 铝包钢绞线避雷线　　　　(i) 分裂导线

图1-5　架空线截面结构

4. 绝缘子

送电线路绝缘子是指安装在不同电位的导体之间或导体与地电位构件之间，能够耐受电压和机械应力作用的器件。绝缘子要满足机械强度和电气强度两方面的要求，同时要满足大气及污秽物作用下抗腐蚀、抗冷热、抗疲劳和抗劣化等要求。

绝缘子种类很多，可以按绝缘介质、连接方式和承载能力大小进行分类。

（1）按绝缘介质，可以分为盘形悬式瓷质绝缘子、盘形悬式玻璃绝缘子、半导体釉和棒形悬式复合绝缘子四种。棒型悬式复合绝缘子两端是金属连接构件，中间是高强度铝质瓷制成的绝缘体，瓷件的长度可以根据要求定做，也可以多个瓷件相连。

（2）按连接方式，可以分为球型连接和槽型连接两种，如图1-6所示。

（3）按承载能力，可以分为40kN、60kN、70kN、100kN、160kN、210kN、310kN 7类。

每种绝缘子又分为普通型、耐污型、空气动力型和球面型等多种类型。玻璃绝缘子和复合绝缘子实物图如图1-7所示。

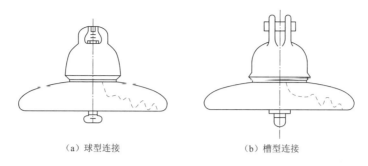

（a）球型连接　　　　　　　　　　（b）槽型连接

图 1-6　绝缘子连接方式

（a）玻璃绝缘子　　　　　　　　　（b）复合绝缘子

图 1-7　绝缘子实物图

5. 线路金具

线路金具是指将杆塔、导地线、绝缘子及其他电气设备按照设计要求，连接组装成完整的送电线路所使用的定型零件。线路金具按其性能和用途分为悬垂线夹、耐张线夹、连接金具、接续金具、防护金具等 5 类。具体分类见表 1-4。

表 1-4　　　　　　　　　　　　　线 路 金 具 分 类

金具分类	金具名称	型　式	用　　途
悬垂线夹	悬垂线夹	固定型	用于悬挂导线（跳线）于绝缘子串上和挂地线于横担上
耐张线夹	耐张线夹	螺栓型、压接型、楔型、UT 型	用于紧固导线的终端，使其固定在耐张绝缘子串上，也用于地线终端的固定及拉线的锚固，紧固金具承担着导线、地线、拉线的全部张力
连接金具	又称挂线金具	挂环、挂板、联板等	用于绝缘子串与杆塔、绝缘子串与其他金具、绝缘子串之间的连接，承受机械荷载

续表

金具分类	金具名称	型　　式	用　　途
接续金具	并沟夹板、压接管、全张力预绞丝	螺栓型、爆压型、液压型、钳压型	用于接续各种导线、地线，大部分接续金具承担导线或地线的全部张力，导线接续金具还承担与导线相同的电气负荷
防护金具	防振金具、防晕金具、重锤	防振锤、护线条、间隔棒、均压环、屏蔽环、重锤	用于保护导线、绝缘子及其他金具免受机械振动、电腐蚀等损害

线路金具实物如图 1-8 所示。

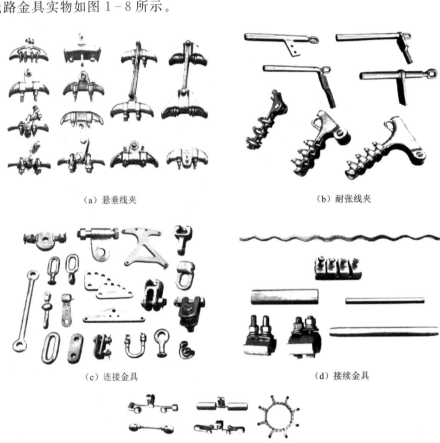

（a）悬垂线夹　　　　　　　　　　（b）耐张线夹

（c）连接金具　　　　　　　　　　（d）接续金具

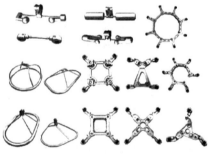

（e）防护金具

图 1-8　线路金具实物图

6. 接地装置

运行统计数据表明，引起送电线路故障跳闸的原因很多，其中因雷击引起的跳闸次数约占总跳闸次数的 60% 以上，位居所有跳闸原因之首。装设接地装置可以确保雷电流可靠泄入大地，保护线路设备绝缘，减少线路雷击跳闸率，提高运行可靠性和避免跨步电压产生的人身伤害。

接地装置包括接地体及接地引下线两部分。

（1）接地体是指埋在地面以下，直接与土壤接触的金属导体，分为自然接地体和人工接地体。自然接地体是指与大地接触的各种金属构件、水泥杆、拉线及杆塔基础等；人工接地体指专门敷设的金属导体。

（2）接地引下线是连接避雷线（针）、避雷器或架空线路杆塔与接地体的金属导线，常用材料为镀锌钢绞线。

1.1.3.2 电力电缆线路由电力电缆通道、电力电缆本体、电力电缆附件构成

1. 电力电缆通道

电力电缆通道按通道类型可分为以下五种：

（1）隧道（管廊），电力电缆隧道（管廊）是指用于容纳大量敷设在电力电缆支架上的电力电缆的走廊或隧道式构筑物。

（2）保护管，将电力电缆敷设于预先建设好的地下排管（顶管）中。

（3）电力电缆沟，封闭式不通行、盖板与地面相齐或稍有上下、盖板可开启的电力电缆构筑物。

（4）直埋，将电力电缆敷设于地下壕沟中，沿沟底和电力电缆上覆盖有软土层或砂，且设有保护板再埋齐地坪的敷设方式。

（5）桥架，为跨越河道，将电力电缆敷设在交通桥梁或专用电力电缆桥上的安装方式。

2. 电力电缆本体

指除去电力电缆接头和终端等附件以外的电力电缆线段部分。主要种类有 YJV、VV、YJLV、VLV 电力电缆等。

（1）YJV 电力电缆全称交联聚乙烯绝缘聚氯乙烯护套电力电缆（铜芯）。

（2）VV 电力电缆全称聚氯乙烯绝缘聚乙烯护套电力电缆（铜芯）。

（3）YJLV 电力电缆全称交联聚氯乙烯聚氯乙烯护套铝芯电缆电缆。

（4）VLV 电力电缆全称聚氯乙烯绝缘聚氯乙烯护套铝芯电力电缆。

3. 电力电缆附件

电力电缆终端和电力电缆接头统称为电力电缆附件，它们是电力电缆线路不可缺少的组成部分。

（1）电力电缆终端是安装在电力电缆线路两端，具有一定的绝缘和密封性能，使

电力电缆与其他电气设备连接的装置。

（2）电力电缆接头是安装在电力电缆与电力电缆之间，使两根及以上电力电缆导体相联通，使之形成连续电路并具有一定绝缘和密封性能的装置。

（3）电力电缆的分类方式主要有以下两种：

1）按电力电缆结构，可分为油浸纸绝缘铅包电力电缆、油浸纸绝缘铝包电力电缆、交联聚乙烯绝缘氯乙烯护套电力电缆、聚氯乙烯绝缘聚氯乙烯护套电力电缆、橡皮绝缘聚氯乙烯护套电力电缆。电力电缆结构如图1-9所示。

2）按电力电缆敷设形式，可以分为直埋式、排管、电缆沟、电缆隧道等四种。前两种多作为供电环网用电缆，根数少，长度长；后两种适用电缆长度短而根数较多的厂区内。电力电缆排管如图1-10所示。

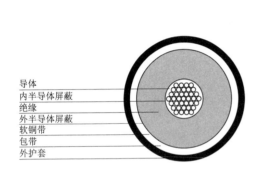

导体
内半导体屏蔽
绝缘
外半导体屏蔽
软铜带
包带
外护套

图1-9　电力电缆结构

图1-10　电力电缆排管图

1.2　送电线路施工步骤

1.2.1　架空线路施工步骤

架空线路施工主要步骤如图1-11所示。

架空线路施工应注意以下几点：

（1）基础施工前应先进行交接桩、线路复测、现场调查、施工图会审、备料加工供应、编织技术资料等。

（2）杆塔起立步骤主要可分为抱杆起立、塔腿安装、抱杆提升、塔头安装、抱杆拆除。

（3）导线、地线展放包括导线、地线连接施工，紧线施工主要包括临锚、挂线、悬垂线夹安装，附件安装主要包括保护金具安装和跳线安装。

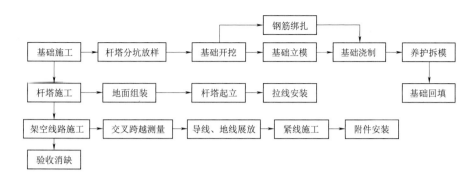

图 1-11 架空线路施工主要步骤

1.2.2 电力电缆施工步骤

电力电缆施工分为电缆敷设、接头制作、电缆试验、附件安装、塔上试验、引线搭接、验收消缺 7 项内容。施工主要步骤如图 1-12 所示。

电力电缆施工应注意以下几点：

（1）电缆敷设包含电缆入槽、夹具及支架安装、电缆固定等工序。

（2）电缆试验包括电缆护层绝缘试验、电缆主绝缘试验、局部放电试验、耐压试验等。

（3）附件安装包含避雷器安装、接地箱安装、引线搭接及安装标识牌等工序。

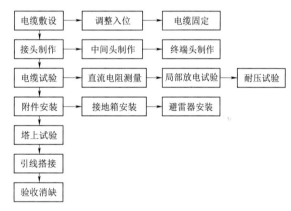

图 1-12 电力电缆施工主要步骤

第 2 章

送 电 线 路 全 真 模 型

2.1 送电线路全真模型研究背景

经调查研究发现，传统的送电专业培养模式以"老带新"现场学习为主，由于近年来施工现场不再依托自有班组开展现场作业实施，该培养模式难以再对送电专业实践核心技术进行有效传承，新员工缺少动手实践机会，对送电专业技术停留在"旁观"阶段，缺乏直接、全面和深入的理解。经深入分析，传统培养模式主要存在以下问题：

（1）培训效果参差不齐。传统的"老带新"培养模式在当前送电线路主体工作劳务分包的背景下，其培养效果除了取决于老师傅的技能水平和施工经验外，对其教学方式方法、教学耐心以及新员工的自主学习能力都有了更高的要求，部分老师傅仅擅长"手把手"式教学模式，在脱离动手实践后教学效果严重下降，因而出现了当前新员工培养效果参差不齐的情况。

（2）缺少对送电线路施工过程直观全面的认知。经调查，近几年新员工仅能做到对单个作业面的安全、质量、技术把控点有所掌握，而对送电线路施工的整个过程普遍缺少全面的认知。这是由于现场学习往往只针对单个作业现场，对宏观的立塔架线全过程施工缺少直观的教学手段。

（3）缺乏有效、系统的理论培训。传统培养模式针对理论知识教学的深度不足，新员工经过长期的现场学习虽然能够掌握现场管理要点，但对深层次的技术理论缺少理解，无法举一反三，往往难以胜任施工现场更高技术要求的工作。

（4）传统培养模式下的实操训练安全风险较高。传统培养模式下的实操训练一般集中于工程实际施工现场，在涉及高空作业、特种作业等方面内容时，开展实操训练的安全风险较高，因此新员工进行实操动手训练的机会相对较少，训练的内容也较为片面，导致部分员工对送电专业知识停留在检查验收层面，对实施过程了解不够具体，自行开展现场作业有较大困难。

送电线路全真模型的开发，从教、学、练三个方面入手，应用 PDCA 循环的管理提升理念，结合以往施工技术人才培养过程中出现的问题，不断制订和完善相关培养内容，通过开发模型、编制教学方案为"教"创造工具、提供支撑；通过开办理论与实操相结合的教学课程、技术难点上的竞技比武，有针对性地为"学"充实内容、提升效率；通过开展以工程施工现场为依托的实战练兵，为"练"赋予更深刻的应用价值与现实意义。同时结合培养实践中暴露出的问题，不断制订和完善人才培养过程中的相关要求与制度，并根据现场执行效果、反馈情况对人才培养模式进行逐步地修正与再实施，从而做到对送电线路施工技术人才培养模式的深入研究、探索与实践，力求使人才培养工作能够全面涵盖送电线路专业施工过程的各个阶段和方面，最终形成成熟的送电线路施工技术人才培养模式，为公司在送电线路专业的人才培养上创造更大的价值。

2.2 送电线路全真模型简介

送电线路全真模型主要用于 220kV 及以下电压等级的送电线路施工技术教学。图 2-1 为送电线路全真模型接线图，图 2-2 为送电线路全真模型杆塔设计图，该模型以送电线路工程实体为样本，采用各类金属材料按照 20：1 的比例制作而成，包括送电线路工程中的杆塔、导地线、电缆等主体部分以及施工过程中所用的附件、抱杆、地锚、拉线、绞磨机等一系列工器具与材料，可实现人字抱杆起立抱杆、内拉线悬浮抱杆立塔、张力放线、紧线和附件安装。

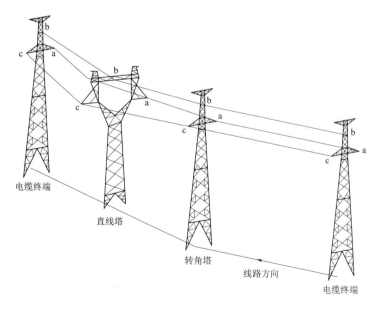

图 2-1　送电线路全真模型接线图

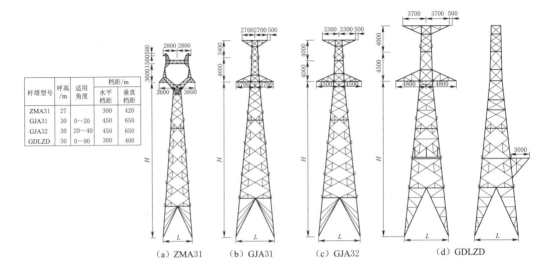

杆塔型号	呼高/m	适用角度	档距/m 水平档距	档距/m 垂直档距
ZMA31	27		300	420
GJA31	30	0～20	450	650
GJA32	30	20～40	450	650
GDLZD	30	0～90	300	400

（a）ZMA31　　　（b）GJA31　　　（c）GJA32　　　（d）GDLZD

图 2-2　送电线路全真模型杆塔设计图

全真模型共有基础 4 基，基础型式采用掏挖基础和台阶基础，分别为 TA0606 型、TA0707 型和 GA0807 型、GA0908 型，地脚螺栓采用 M20 型。杆塔 4 基，包括直线塔 1 基、耐张塔 2 基、电缆终端塔 1 基，杆塔型号为 GJA31、GJA32、ZMA31、GDLZD。

该模型在具备送电线路施工全过程直观展示效果的同时，更为重要的是可以进行包括杆塔组立、张力放线、电缆敷设在内的一系列施工内容的全过程手动模拟操作。模型图参见图 2-3～图 2-12，该模型整体占地不到 100m²，可让学员在一个集中的场地内对送电线路的施工全过程进行总体把握，克服了以往施工技术学习零碎化的弊端。同时，由于模型最高处仅为 2m，可有效解决高空作业部分中的相关技术学习的安全风险，降低教学开展的难度。

图 2-3　送电线路全真模型（1）

图 2-4　送电线路全真模型（2）

图 2-5　模拟拉线系统

图 2-6　模拟电缆终端塔

图 2-7　模拟抱杆

图 2-8　模拟线盘

图 2-9　模拟张力机

图 2-10　模拟人字抱杆起立抱杆

图 2-11　模拟内拉线悬浮抱杆立塔　　　　图 2-12　模拟张力放线施工

2.3　送电线路全真模型的应用

图 2-13　讲解拉线系统

在送电线路施工中，理论知识的掌握终归要转化为实际操作，施工人员实操技能的水平高低对施工过程的安全、质量、进度有着最为直接的影响。送电线路全真模型主要用于对新进员工进行送电线路基本知识培训，充分利用该模型，分课题开展学员的技能实操训练。由学员组队分工、亲自动手，在教员的监护及指导下，从施工准备到终结撤场，分模块完成实操课题内的全部工作任务。图 2-13～图 2-17 为新员工正在利用全真模型进行学习。

图 2-14　人字抱杆起立抱杆操作　　　　图 2-15　模拟分解组塔操作培训

图 2-16　模拟张力放线操作培训

图 2-17　模拟平衡挂线操作培训

　　相比于以往的技能实操训练，该方式借助于送电线路全真模型，可在集中场地内开展任一课题的施工全过程实操训练，克服了以往高空作业部分实操开展困难的顽疾，充分降低学习训练过程中的安全风险。同时由于使用按比例缩小的模型进行训练，各工作点位与工序之间的联系更为紧凑，有助于提升学员对于施工整体过程的全局把握，摆脱了传统实操教学存在的各工序间关联性弱、过程碎片化等不利情形，有效地提高了技能实操的训练效果，助力学员扎实掌握各项施工技能，培养实战能力。

第3章

杆 塔 组 立 施 工

3.1 外拉线悬浮抱杆立塔

3.1.1 基础知识及相关规程

3.1.1.1 基础知识

外拉线悬浮抱杆立塔施工方法是利用杆塔分段的特点，先用外拉线抱杆把杆塔最低层一段组装起来并固定在基础上。然后，把外拉线抱杆上升，固定在已经组装好的一段杆塔上，再组装上一段杆塔。这样，使用一副外拉线抱杆，就能把杆塔按照由塔腿至塔头的顺序，分解组立起来。

外拉线悬浮抱杆立塔的所用抱杆的长度只要满足吊装全杆塔最高的一段的要求，因此，组塔设备轻巧，安装简单迅速。但由于分解组塔，要一吊一吊地在高处进行安装。因此，施工时要格外细心，要选用较高技术和较熟练的工人，严格遵守有关安全工作规程，进行塔上高处作业。220kV 及以下送电线路组塔施工常用□350mm、□500mm、□600mm 断面外拉线抱杆，本篇以□500mm×20m 内悬浮外拉线抱杆组塔施工为例。

3.1.1.2 相关规程

（1）杆塔组立施工前，应针对塔型特点及施工条件进行杆塔组立施工技术设计，制订相应的施工方案和编制作业指导书。

（2）杆塔组立施工技术设计时，应在计及风荷载的影响下对所用机具受力状况进行分析、计算，并应以受力最大值作为选择工器具的依据。

（3）杆塔组立施工用抱杆的设计、制造、使用应符合《电力建设安全工作规程 第 2 部分：电力线路》（DL 5009.2—2013）、《架空输电线路施工机具基本技术要求》（DL/T 875—2016）和《架空输电线路施工抱杆通用技术条件及试验方法》（DL/T 319—2018）的规定。

（4）其他起重机具的设计、制造和使用应符合《电力建设安全工作规程 第 2 部分：电力线路》（DL 5009.2—2013）和《架空输电线路施工机具基本技术要求》（DL/T 875—2016）的规定。

（5）杆塔组立方法的选择及施工场地布置应符合环境保护与水土保持要求，并应符合《建设工程施工现场环境与卫生标准》（JGJ 146—2013）的规定。

（6）杆塔组立施工前杆塔基础应经中间检查验收合格。

（7）杆塔施工质量应符合《110kV～750kV架空输电线路施工及验收规范》（GB 50233—2014）的规定及设计要求。

3.1.2　施工前准备及现场踏勘

3.1.2.1　施工准备

1. 技术准备

（1）杆塔图纸会审时，应根据杆塔组立、架线等的需要，要求设计预留施工孔或施工板。

（2）杆塔组立施工前应由技术部门负责编写《杆塔组立施工方案》。

（3）完成对所有施工人员的安全技术交底。

（4）基础必须经中间验收合格，杆塔组立施工前必须对基础顶面高差、根开进行重点测量复核。

（5）分解组立杆塔时，基础混凝土的抗压强度必须达到设计强度的70%。

2. 材料准备

（1）杆塔组立施工段的塔材、螺栓等运输到位，并进行对料、分料，按吊装次序在现场摆放堆置整齐。

（2）到货塔材、螺栓应有出厂合格证明，并做好取样试验。

（3）塔料清点后，应将余缺料和质量不符要求的塔料填好记录清单后报材料部门补料。

（4）对规格及编号与图纸不符的构件应查明原因，原因不明者应上报技术部门。

（5）塔料角钢弯曲度不超过对应长度的2‰，最大弯曲变形量不大于5mm。当角钢弯曲变形量超过2‰时，应采用冷矫正法矫正。矫正后的角铁不得有洼陷、凹痕、裂缝。

（6）运至现场后构件若出现镀锌剥落时，露出部位应涂富锌漆防腐，对较大面积镀锌剥落构件应予调换。

（7）对有明显镀锌色差的塔材要求更换。

3. 场地准备

（1）杆塔组立前应对场地进行平整，对影响组装的凸凹地面应铲平和填平。

（2）对山区不能满足塔片组装的场地，应支垫道木，使组装场地平整稳固。严防构件滚动和因自重下沉而倾倒。

（3）对影响杆塔组立及抱杆起立施工安全范围内的障碍物，如电力线、通信线、道路、树木等，应事先采取对应措施，必要时制订特殊施工方案。

（4）施工场地周围应设置围栏，禁止无关人员进入施工现场。

4．工器具准备

（1）工器具严格按配置表要求进行选配，在现场进行有序整理、整齐摆放、清晰标识。

（2）各工器具应附有试验合格证明资料。

（3）所有计量器具必须有检验合格证明，且在有效使用期内。

3.1.2.2 现场踏勘

组塔施工前技术部门应组织进行现场踏勘，根据设计图纸对杆塔结构进行技术统计分析，结合现场地形条件确定选用抱杆规格；根据选定抱杆技术特性、现场地形条件及安全规程进行现场布置，明确抱杆的起立、提升及拆除施工方案，绘制相应的现场施工器具布置示意图，确定拉线、浪风绳、起吊绞磨的设置要求及相应锚桩吨位要求，明确各个工序人员组织形式及安全措施要求。

3.1.3　抱杆及工器具选择与分析计算

3.1.3.1　□500mm×20m 内悬浮外拉线格构式铝合金抱杆特性

（1）抱杆规格。铝合金结构断面为 500mm×500mm，最大连接高度为 20m，见表 3-1。

表 3-1　　　　　□500mm 抱杆杆段配置质量表

段别	头部	上段	4m 中段	下段	腰环	合计
段长/mm	360	4000	4000×3	4000	（2 副）	20000
段重/kg	46	86	78×3	158	9×2	542

（2）抱杆使用参数，见表 3-2。

表 3-2　　　　　□500mm 抱杆使用参数表

抱杆连接	段　间　连　接		旋转头部与上段间连接	
	6.8 级 M16×45 每个断面 12 颗		8.8 级 M24×55 1 颗	
拉线挂点	φ30mm 挂孔，节点允许载荷 30kN		抱杆悬浮有效高度	≤2/3L
使用参数	抱杆倾角	起吊钢绳与抱杆轴线夹角	上拉线合力线与抱杆轴线夹角	承托绳与抱杆夹角	控制大绳与水平面夹角
	≤5°	≤20°	≥13°	≤45°	≤45°
允许中心轴向压力	全高 20m	允许最大吊重	15kN（包括附加重量）	外拉线与水平面夹角	≤45°
	85kN				

　　抱杆的连接螺栓不得缺少，必须拧紧，并在抱杆起立后将接头螺栓复紧一遍；抱杆由上而下连接，连接要正直，不直时中间可加平垫片调整；抱杆的小滑轮每次都需涂加黄油，并检查轮轴的情况。连接螺栓使用一次后不得再用于抱杆连接。

3.1.3.2　抱杆各系统布置及使用要求

　1. 起吊系统

（1）起吊绳选用 ϕ13mm 钢丝绳，走 2 道磨绳。

（2）起吊滑车采用 50kN 单轮滑车，地滑车采用 30kN 单轮滑车。

（3）控制大绳采用 ϕ10mm 强力丝牵引绳。

（4）起吊系统布置如图 3-1 所示。

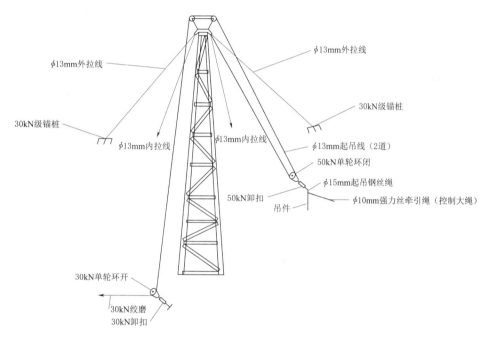

图 3-1　起吊、拉线系统布置图

　2. 拉线系统

（1）外拉线采用 ϕ13 钢丝绳，拉线锚桩按 30kN 设置，用 50kN 链条葫芦与 30kN 松绳器进行收紧和调节，拉线对地夹角应控制不大于 45°。

（2）拉线系统布置如图 3-1 所示。

　3. 承托系统

（1）承托系统主绳选用 ϕ17.5mm 钢丝绳，采用 50kN 双钩＋钢丝套绑在主材节点上方，如图 3-2 所示。承托滑轮需布置在起吊侧，如左右分片吊装改为前后分片吊装时，则承托滑轮需同步旋转 90°进行布置。

（2）承托绳与抱杆轴线夹角不大于 45°。

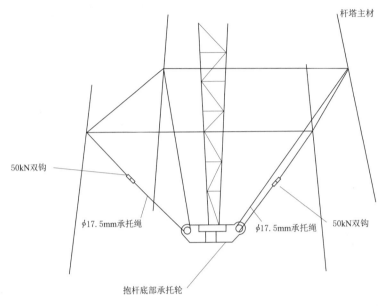

图 3-2 承托系统布置图

4. 提升系统

（1）提升抱杆必须使用两道腰环，腰环间距大于 5m。

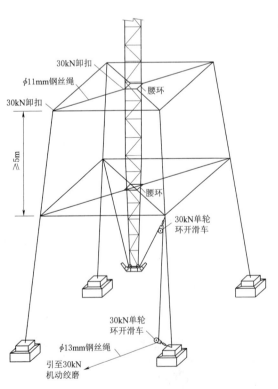

图 3-3 提升系统布置图

（2）抱杆应布置在杆塔中心，提升前使抱杆正直，提升时绞磨应缓慢、平稳，并随时观察抱杆正直情况。

（3）对外拉线抱杆，在腰环设置完成后，将外拉线略松弛，随后收紧提升绳，拆除承托绳，一边慢慢松出外拉线，一边提升抱杆至预定高度后，打设承托绳并将 4 根外拉线收紧，调整抱杆呈垂直状态并绑扎固定。

（4）松弛腰环即可进行吊装作业，起吊过程中严禁腰环受力。承托绳打设在塔身专用的承托板上或主材节点上，严禁打设在塔段小水平材上。

（5）提升系统布置如图 3-3 所示。

3.1.3.3 抱杆受力计算

外拉线悬浮抱杆分解组塔的施工计算应包括主要工器具的受力计算及构件的强度验算。主要工器具包括控制绳、起吊绳（包括起吊滑车组、吊点绳等）、牵引绳、抱杆、抱杆拉线、承托绳、提升绳起吊滑车和地滑车等。工具受力计算应先将全塔各次的吊重及相应的抱杆倾角、控制绳及拉线对地夹角进行组合，计算各工器具受力，取其最大值作为选择相应工器具的依据。图3-4为外拉线悬浮抱杆组塔受力分析图。

设定牵引绳穿过朝天滑车及腰滑车后引至地面。

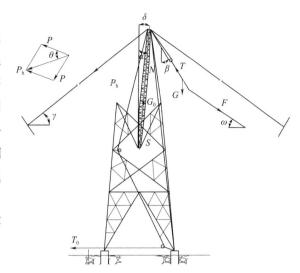

图3-4 外拉线悬浮抱杆组塔受力分析图

1. 控制绳

对于分片或分段吊装时，绑扎吊件处的控制绳采用一根钢丝绳，钢丝绳对地的夹角宜为30°～60°，以保证塔片平稳提升。其合力计算式为

$$F = \frac{\sin\beta}{\cos(\omega+\beta)}G \tag{3-1}$$

式中 F——控制绳的静张力合力，kN；

　　G——被吊构件的重力，kN；

　　β——起吊滑车组轴线与铅垂线间的夹角，(°)；

　　ω——控制绳对地夹角，(°)。

取 $G=15\text{kN}$，$\beta=20°$，$\omega=45°$，采用单根钢丝绳控制，则有

$$F = \frac{\sin\beta}{\cos(\omega+\beta)}G = 12.14\text{kN}$$

以 $F=12.14\text{kN}$ 为控制绳的选取条件，选破断力为 58.8kN 的 ϕ10mm 强力丝牵引绳作为控制绳，其允许张力为

$$[T] = \frac{T_{破}}{KK_1} = 15.08\text{kN}$$

式中 K——安全系数，取3；

　　K_1——动荷系数，取1.3。

$[T]>F$，满足要求。

因此选 ϕ10mm 强力丝牵引绳作为控制绳可以满足要求。

2. 起吊绳

如图3-4所示，起吊绳（起吊滑车组、吊点绳）的合力计算式为

$$T = \frac{\cos\omega}{\cos(\omega+\beta)}G \qquad\qquad (3-2)$$

式中　T——起吊绳（起吊滑车组、吊点绳）的合力，kN。

　　取 $G=15\text{kN}$，$\beta=20°$，$\omega=45°$，则有

$$T = \frac{\cos\omega}{\cos(\omega+\beta)}G = 25.09\text{kN}$$

3. 牵引绳

根据起吊绳的合力，总牵引绳的静张力为

$$T_0 = \frac{T}{n\eta^n} \qquad\qquad (3-3)$$

式中　T_0——总牵引绳的静张力，kN；

　　　n——起吊滑车组钢丝绳的工作绳数，$n=2$ 根；

　　　η——滑车效率，$\eta=0.95$。

　　以 $T_0=13.90\text{kN}$ 为起吊绳的选取条件，选破断力为 88.2kN 的 ϕ13mm 钢丝绳作为牵引绳，其允许张力为

$$[T] = \frac{T_{破}}{KK_1} = 18.38\text{kN}$$

式中　K——安全系数，取 4；

　　　K_1——动荷系数，取 1.2。

$[T]>T$，满足要求。

因此选 ϕ13mm 钢丝绳作为牵引绳可以满足要求。

4. 抱杆

牵引绳穿过朝天滑车及腰滑车后引至地面时，抱杆的综合计算轴向压力为

$$N = N_0 + T_0 = \frac{\cos\omega\sin(\beta+\delta+\alpha)}{\cos(\beta+\omega)\sin\alpha}G + T_0 \qquad\qquad (3-4)$$

式中　N——抱杆的综合计算轴向压力，kN；

　　　N_0——起吊绳、抱杆拉线对抱杆产生的轴心压力，kN；

　　　δ——抱杆轴线与铅垂线间的夹角（即抱杆倾斜角），(°)；

　　　α——主要受力拉线的合力与抱杆轴线的夹角，(°)。

　　取 $G=15\text{kN}$，$\alpha=13°$，$\beta=20°$，$T_0=13.90\text{kN}$，$\delta=5°$，$\omega=45°$，则有

$$N = N_0 + T_0 = \frac{\cos\omega\sin(\beta+\delta+\alpha)}{\cos(\beta+\omega)\sin\alpha}G + T_0 = 82.88\text{kN}$$

此抱杆在允许最大工况时，综合计算压力为 82.88kN。抱杆最大的综合计算压力 82.88kN＜85kN，所以抱杆安全。

5. 抱杆拉线

（1）抱杆内拉线。牵引绳穿过朝天滑车及腰滑车后引至地面，抱杆倾斜角一般为

$0°\sim10°$，在起吊构件的重力作用下，只考虑两根主要拉线受力。两根主要拉线合力的计算式为

$$P_h = \frac{\cos\omega\sin(\beta+\delta)}{\cos(\beta+\omega)\sin\alpha}G \tag{3-5}$$

式中　P_h——主要受力拉线的合力，kN。

取 $G=15$kN，$\beta=20°$，$\omega=45°$，$\delta=5°$，$\alpha=13°$，则有

$$P_h = \frac{\cos\omega\sin(\beta+\delta)}{\cos(\beta+\omega)\sin\alpha}G = 47.15\text{kN}$$

如暂不考虑布置上的误差，即两根拉线的不平衡系数，主要受力单根拉线的静张力为

$$P = \frac{1}{2\cos\theta}P_h \tag{3-6}$$

式中　P——主要受力拉线的静张力，kN；

　　　θ——受力侧拉线与其合力线间的夹角，(°)。

以 $P=24.20$kN 为抱杆拉线的选取条件，选破断力为 97.7kN 的 $\phi13$mm 钢丝绳作为抱杆拉线，其允许张力为

$$[T] = \frac{T_破}{K} = 24.43\text{kN}$$

式中　K——安全系数，取 4。

$[T]>P$，满足要求。

因此选 $\phi13$mm 钢丝绳作为抱杆拉线可以满足要求。

（2）抱杆外拉线。仅用外拉线施工时，计算方式如下：

在起吊构件的重力作用下，只考虑两根主要拉线受力。由于布置上的误差，两根拉线考虑 1.3 的不平衡系数，两根主要拉线合力计算式为

$$P_h = \frac{\sin(\delta+\beta)}{\cos(\gamma+\delta)}T \tag{3-7}$$

式中　P_h——主要受力拉线的合力，kN；

　　　γ——抱杆拉线合力线对地夹角，(°)；根据拉线对地夹角 $\gamma_1\leqslant45°$、$\gamma=\tan^{-1}(\sqrt{2}\times\tan\gamma_1)$，求得本抱杆 $\gamma\leqslant54.5°$；

　　　δ——抱杆轴线与铅垂线间的夹角（即抱杆倾斜角）。

单根拉线的静拉力为

$$P = \frac{1.3}{2\cos\theta}P_h \tag{3-8}$$

式中　P——主要受力拉线的静张力，kN；

　　　θ——受力侧拉线与其合力线间的夹角，(°)；根据拉线对地夹角 $\gamma_1\leqslant45°$，$\theta=$

$\sin^{-1}\left(\dfrac{\cos\gamma_1}{\sqrt{2}}\right)$，求得本抱杆 $\theta\leqslant30°$。

以 $P=15.68\text{kN}$ 为拉线的选取条件，选破断力为 88.2kN 的 $\phi13\text{mm}$ 钢丝绳为外拉线，其允许张力为

$$[T]=\frac{T_{破}}{KK_1K_2}=16.70\text{kN}$$

式中　K——外拉线钢丝绳的安全系数，取 4；

　　　K_1——外拉线钢丝绳的动荷系数，取 1.2；

　　　K_2——外拉线钢丝绳的不平衡系数，取 1.1。

$[T]>P$，满足要求。

因此选 $\phi13\text{mm}$ 钢丝绳作为外拉线可以满足要求。

6. 承托绳

承托绳的受力不仅要承担抱杆的外荷载，同时还要承担抱杆及拉线等附件的重力。当抱杆向受力侧倾斜时，受力侧承托绳合力较受力反侧为大，其值为

$$S=\frac{(N+G_0)\sin(\varphi+\delta)}{\sin(2\varphi)} \tag{3-9}$$

式中　S——抱杆向受力侧倾斜时受力侧承托绳的合力，kN；

　　　N——抱杆的综合计算轴向压力，kN；

　　　G_0——抱杆及拉线等附件的重力，kN；

　　　φ——受力侧两承托绳合力线与抱杆轴线间的夹角，(°)。

取 $G_0=5.03\text{kN}$，$\omega=45°$，$\delta=5°$，$\alpha=13°$，$\varphi=45°$，则有

$$S=\frac{(N+G_0)\sin(\varphi+\delta)}{\sin(2\varphi)}=67.34\text{kN}$$

单根承托绳受力为

$$S_0=\frac{S}{2\cos\varepsilon} \tag{3-10}$$

式中　S_0——抱杆向受力侧倾斜时受力侧单根承托绳的受力，kN；

　　　ε——受力侧承托绳与其合力线间的夹角，根据承托绳与抱杆轴线夹角 $\leqslant45°$，求得本抱杆 $\varepsilon\leqslant30°$。

以 $S_0=38.88\text{kN}$ 为承托绳的选取条件，则抱杆选取破断力为 177.1kN 的 $\phi17.5\text{mm}$ 钢丝绳作为本抱杆的承托绳系统。

$$[T]=\frac{T_{破}}{KK_2}=40.25\text{kN}$$

式中　K——承托钢丝绳的安全系数，取 4；

　　　K_2——承托钢丝绳的不平衡系数，取 1.1。

$[T] > S_0$，满足要求。

因此选 $\phi 17.5$mm 钢丝绳的作为本抱杆的承托绳可以满足施工要求。

7. 提升绳

抱杆提升绳在塔腿对角侧设置一组，抱杆提升时的重量包括抱杆本体重量和索具等附加重量 G_0，则有

$$M = \frac{G_0}{2\cos\gamma} \tag{3-11}$$

式中　M——提升绳的静张力，kN；

　　　G_0——抱杆及拉线等附件的重力，kN；

　　　γ——提升绳与抱杆轴向的夹角，(°)。

取 $\gamma = 30°$，$G_0 = 5.03$kN，则有

$$M = \frac{G_0}{2\cos\gamma} = 2.90\text{kN}$$

用滑车单吊，则提升绳的静张力为

$$M_0 = \frac{M}{n\eta^n} \tag{3-12}$$

式中　M_0——变幅绳的静张力，kN；

　　　n——起吊滑车组钢丝绳的工作绳数，$n = 2$；

　　　η——滑车效率，$\eta = 0.95$。

以 $M_0 = 1.61$kN 为提升绳的选取条件，则提升绳选破断力为 88.2kN 的 $\phi 13$mm 钢丝绳为拉线，其允许张力为

$$[T] = \frac{T_破}{KK_1} = 18.38\text{kN}$$

式中　K——提升绳的安全系数，取 4；

　　　K_1——提升滑车组的动荷系数，取 1.2。

$[T] > M_0$，满足要求。

因此选用破断力为 88.2kN 的 $\phi 13$mm 钢丝绳作为提升绳可满足要求。

8. 起吊滑车

起吊滑车的受力计算为

$$T_h = T_0 + T \tag{3-13}$$

式中　T_h——定滑车的受力，kN；

　　　T——起吊绳（起吊滑车组、吊点绳）的合力，kN；

　　　T_0——总牵引绳的静张力，kN。

以 $T_h = 38.99$kN 为起吊滑车的选取条件，因此选用 50kN 的起吊滑车可满足要求。

9. 地滑车

地滑车受力计算公式为

$$T_1 = \sqrt{2}\, T_0 \qquad\qquad (3-14)$$

式中 T_1——地滑车的受力，kN。

以 $T_1 = 19.66$kN 为地滑车的选取条件，因此选用 30kN 的地滑车可满足要求。

3.1.3.4 主要工器具

外拉线悬浮抱杆立塔主要工器具见表 3-3。

表 3-3　　　　　　　　　　外拉线悬浮抱杆立塔主要工器具

序号	名　称		规　格	单位	数量	备　注
1	抱杆本体	抱杆	□500mm×20m	副	1	6.8级 M16×45，每个断面12颗
2		人字抱杆	φ150mm×10m	根	2	人字抱杆用
3		钢丝绳（套）	φ13mm×80m	根	1	起立抱杆用
4		钢丝绳（套）	φ13mm×2.5m	根	2	制动钢丝绳
5	人字抱杆起立	钢丝绳（套）	φ13mm×30m	根	1	起吊钢丝绳
6		钢丝绳（套）	φ13mm×2.5m	根	2	绑扎钢丝绳
7		滑车	30kN，单轮环闭	只	2	
8		滑车	30kN，单轮环开	只	1	
9		卸扣	30kN	只	3	
10	承托系统	钢丝绳（套）	φ17.5mm×12m	根	2	承托绳（1960），每副配φ17.5mm× 1.5m、φ17.5mm×4m 各2根
11		双钩	50kN	只	2	承托用
12		卸扣	50kN	只	6	承托用
13		钢丝绳（套）	φ13mm×150m	根	1	提升绳
14		钢丝绳（套）	φ11mm×8m	根	8	腰环绳
15	提升系统	腰环		副	2	
16		滑车	30kN	只	3	
17		卸扣	30kN	只	12	
18		钢丝绳（套）	φ13mm×200m	根	2	牵引绳
19		强力丝牵引绳	φ10mm×100m	根	4	控制大绳
20		钢丝绳（套）	φ15mm×6m	根	6	起吊绳套
21		钢丝绳（套）	φ13mm×2.5m	根	4	补强绳套
22	起吊系统	滑车	50kN	只	4	单轮环开，起吊用2只，地滑车用2只
23		滑车	30kN	只	5	单轮环开，腰滑车2只，导向滑车3只
24		卸扣	50kN	只	2	起吊滑车用
25		地钻	1.6m	只	2	
26		松绳器		只	4	
27		手拉葫芦	30kN	根	2	

续表

序号	名　称		规　格	单位	数量	备　注
28	拉线系统	钢丝绳（套）	$\phi13mm\times15m$	根	4	内拉线，每副配$\phi13mm\times5m$ 4根最下端接续使用
29		钢丝绳（套）	$\phi13mm\times100m$	根	4	外拉线4根，每副配马鞍螺丝 $\phi12mm\times8$只
30		钢丝绳（套）	$\phi15mm\times3m$	根	4	保险钢丝绳
31		手拉葫芦	30kN	只	4	仅供调整抱杆内拉线使用
32		卸扣	30kN	只	8	
33	动力系统	机动绞磨	30kN	台	1	专用套$\phi13mm\times1.5m$
		地钻	1.6m	只	2	
		双钩	30kN	只	1	
34		卸扣	30kN	只	30	
35		钢丝套	$\phi13mm/\phi15mm\times$ $3\sim8m$	根	20/20	
36	安全用具	尼龙绳	$\phi14mm\times250m$	根	1	可用作攀登自锁绳、水平扶手绳
37		攀登自锁器		只	4	
38		速差自控器	20m	只	6	
39	消耗用品	尼龙绳	$\phi12$	m	250	
40	辅助工具	道木		块	20	配大道木2块
41		大锤	18磅/4磅	把	1/1	
42		帐篷		顶	1	
43		其他	梅花扳手、尖扳手、杠棒、撬棍、管子钳、螺栓桶、圆挫、钢锯弓、油桶、钢锯条、铁丝等			

3.1.4　施工场地布置

现场实行模块化管理，按功能将现场区域划分为施工区域、工具棚、螺栓堆放区、工器具堆放区、塔料堆放区等，另设安全文明施工标牌及旗帜等。

3.1.4.1　施工区域

施工区域外围设钢管组装式安全围栏，如图3-5所示，采用钢管及扣件组装，其中立杆间距为2.0m，高度为1.2m（中间距地0.5m高处设一道横杆），杆件用以红白油漆涂刷，间隔均匀，尺寸规范。围栏上挂设"严禁跨越"等警示标志牌。

施工区域出入口设置施工通道和安全通道，两通道之间用钢管围栏进行隔离区分，入口设"施工通道"和"安全通道"指示牌。通道设"五牌一图"及相关安全文明施工标牌。通道围栏外挖设排水沟。

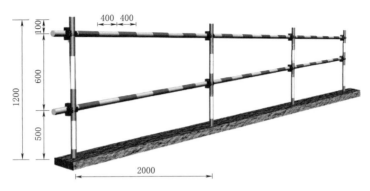

图 3-5　钢管组装式安全围栏

3.1.4.2　工具棚

采用绿色军用帐篷，设置工具架 2 只。工具分类摆放整齐，设"工具标识牌（合格）"，如图 3-6 所示。

图 3-6　工具棚

3.1.4.3　螺栓堆放区

地面平整，铺设彩条布，四周用门形硬围栏隔离，其中一面可利用已有的钢管围栏。螺栓按不同规格分开整齐堆放，设置"材料标识牌（合格）"。

3.1.4.4　工器具堆放区

地面平整，铺设彩条布。工器具分类堆放整齐，设"工器具标识牌（合格）"。所有机械设备设"机械设备状态牌（完好机械）"，图 3-7 和图 3-8 为螺栓和工器具堆放区。

图 3-7　螺栓堆放区

图 3-8　工器具堆放区

3.1.4.5 塔料堆放区

堆放区域用门形硬围栏隔离，地面平整，塔料堆放整齐，塔料与地面之间用木道木进行衬垫，设"塔料堆放区"牌子。

3.1.5 施工过程

3.1.5.1 施工工艺流程

外拉线悬浮抱杆立塔施工工艺流程图如图 3-9 所示。

3.1.5.2 抱杆起立

根据现场情况，可采用人字抱杆起立。

人字抱杆选用 $\phi150\text{mm}\times10\text{m}$ 人字铝合金管抱杆，按倒落式人字抱杆整立的原理起立悬浮抱杆，抱杆起始角为 60°，布置示意图如图 3-10 所示。

抱杆起立时其根部应用道木做好防沉措施，并用 $\phi13\text{mm}$ 钢丝套将根部锚固在 30kN 锚桩上。

$\phi13\text{mm}$ 起吊钢丝绳长度为 30m，起吊绳与抱杆的绑扎采用 $\phi13\text{mm}\times2.5\text{m}$ 钢丝绳；牵引绳采用 $\phi13\text{mm}$ 钢丝绳。

布置时应使绞磨总地锚、人字抱杆中心、制动中心和抱杆顶部处于同一条直线上；抱杆离地 0.8m 左右停止牵引并做冲击试验，试验合格后再继续起立。

起立前设置好两侧及前后侧的抱杆起立控制拉线，其中两侧拉线需收紧，反侧拉线呈松弛状态。拉线锚桩距杆塔中心距离不小于抱杆起立高度的 1.2 倍。

抱杆起立 60° 时，要预先收紧反侧拉线，并随抱杆起立，同步松出反侧拉线，待抱杆起立到 80° 时，停止牵引，利用拉线将抱杆调直。

3.1.5.3 杆塔吊装

1. 杆塔平台组立

（1）地形较好的杆塔平台采用起立好的抱杆进行吊装。

（2）杆塔平台主材吊装如图 3-11 所示，水平铁及八字铁组片吊装如图 3-12 所示。

（3）先吊装主材（带上小斜材），松起吊绳前在主材顶端 45° 方向各打设一根防倾

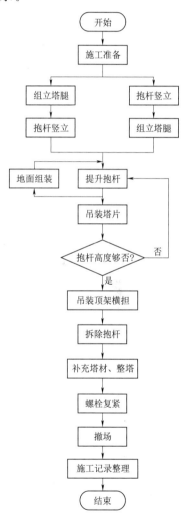

图 3-9 外拉线悬浮抱杆
立塔施工工艺流程图

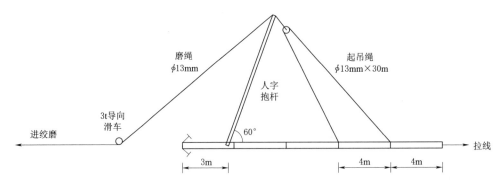

图 3-10　人字抱杆起立内拉线抱杆布置示意图

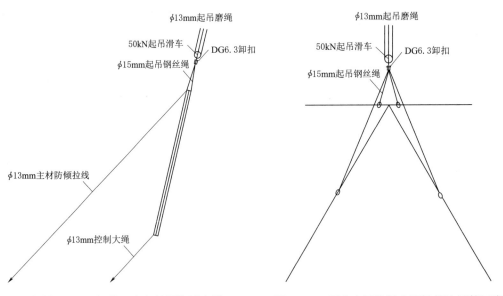

图 3-11　杆塔平台主材吊装示意图　　　图 3-12　平台水平铁及八字铁组片吊装示意

拉线。在杆塔四个面辅材安装完毕之前，不得拆除防倾拉线。防倾拉线锚桩使用抱杆外拉线锚桩。

（4）四根主材起吊完成后，再利用抱杆吊装水平铁及八字铁。场地允许时水平铁和八字铁可组片吊装，吊装时必须有足够的补强措施，防止"包饺"。

（5）铁塔平台搭设完毕后立即装上接地引下线。

2.塔身吊装

（1）塔身吊装前在地面将其分成左右两片进行组装。塔片的组装应根据杆塔的分段、就位要求及抱杆的实际最大允许荷重而定，前后侧的斜材、辅材分别带在相应的主材上，其上部连上螺栓（必须平帽以上），下端为自由端，用绳索绑在主材上，严禁自由端朝上。若塔片所带的辅材的自由端超过塔片下端，为防止起吊过程材料弯曲变形，可待塔片吊至一定高度后再装上。当塔片超重时，侧面斜材、铺材均不带上。

（2）吊点一般用专门钢丝套、工具U型环等工具，对于塔片等对称吊件宜采用对称两点绑扎起吊，对于横担等难以控制平衡的吊件，宜采用三点绑扎起吊。

根据地形确定起吊方向，塔片应尽量靠近塔身位置组装。若塔片离吊点距离较大，应用人力撬移塔片。

（3）塔片吊装时必须要有可靠的补强的措施。

（4）塔片吊装采用拎吊法，如图3-13所示，具体操作步骤为：启动绞磨使一侧塔片徐徐上升，调整控制绳，使塔片稍离已组立塔身（以不相碰为原则），控制大绳应随塔片上升徐徐放松；当塔片提升至较低一侧能安装时，即停止牵引，调整接头位置，用尖扳手插入连接处的一对孔，在其他孔中带一个螺栓，然后徐徐回松绞磨，使另一接头达到安装要求，用尖扳手对孔，穿入螺栓，然后将两接头处所有螺栓全部装上并拧紧；并将该塔片两侧最下一根大斜材连接上，固定好已组塔片，即可回松绞磨，将起吊索具回拽至地面。另一侧塔片按上述方法吊装就位，自下而上连接侧面斜材和水平材。

（5）吊装完一段进行下一段吊装前，必须将吊装好的这一段所有构件组装完成并紧固螺栓，方能进行下一段的吊装，若缺较大构件时（主材、交叉铁或较大水平铁和斜材），禁止进行下一段的吊装。

（6）塔片组装高度一般不超过9m。吊装过程中若塔片变形较大，应立即停磨放下塔片，检查吊点的补强是否得当，处理后方可重新起吊。

3. 地线顶架及横担吊装

（1）地线顶架吊装。地线顶架独立吊装。吊点选两点，起吊绳选用两根 $\phi 15\text{mm} \times 6\text{m}$ 钢丝绳，

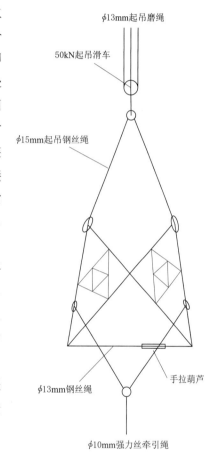

φ13mm起吊磨绳

50kN起吊滑车

φ15mm起吊钢丝绳

φ13mm钢丝绳

手拉葫芦

φ10mm强力丝牵引绳

图3-13 塔片吊装示意图

交叉绑在地线顶架下平面左右两侧节点上，采用直拎式吊装，并使横担外端略上翘，就位时先将上平面主材螺栓连上，再以此为旋转支点徐徐松落，完成下平面主材就位，如图3-14所示。严禁以先就位下平面主材、再收紧磨绳的方式进行上平面主材就位。

（2）上导线横担吊装。上导线横担利用抱杆整体吊装，横担吊点选两点。起吊绳选用两根 $\phi 15\text{mm} \times 6\text{m}$ 钢丝绳，交叉绑在横担下平面左右两侧节点上。在地线顶架上平面安装一只30kN导向滑车，起吊钢丝绳为一道，φ15mm起吊钢丝绳尾头锁于

30kN 卸扣上，经 50kN 起吊滑车、30kN 塔腿导向滑车引至绞磨。如图 3-15 所示。

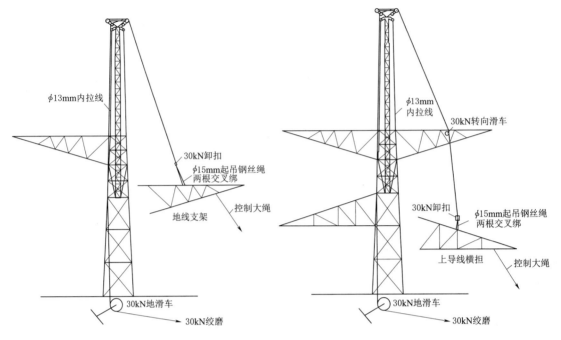

图 3-14 地线顶架吊装示意图　　　图 3-15 上导线横担吊装示意图（耐张塔）

（3）中、下导线横担吊装。杆塔中、下导线横担吊装方式与上导线横担相同，起吊时可以在地线顶架横担处加装一只 30kN 导向滑车，起吊示意图可参考上导线横担吊装示意图。

3.1.5.4 抱杆拆除

抱杆拆除采用拎吊法，绑扎点严禁设置在旋转头部上。地线顶架吊装结束后，安装好塔身的辅铁，并将塔身螺栓紧固后，在杆塔顶部挂一只 30kN 滑车，塔身吊点绑在主材节点处，并垫衬道木和麻袋布，按抱杆提升的逆顺序降低抱杆高度，将钢丝绳固定在抱杆重心以上，利用起吊绳作为拆除抱杆磨绳，磨绳通过滑车进绞磨，回松牵引绳降落抱杆，同时在抱杆根部绑上大绳，将抱杆自塔身内松至地面，然后逐段拆卸。

必须待抱杆根部落地平稳，并将绞磨封死后，操作人员方可上抱杆拆除待拆卸段抱杆的连接螺栓。拆卸前，必须用 $\phi11\text{mm}\times1\text{m}$ 钢丝套将被拆段与上段连接在一起做保险，防止螺栓拆除后抱杆的突然倒落，拆除螺栓时，必须将拆除螺帽的螺栓由上向下重新穿入抱杆连接点，并保证每个角上不少于 2 个倒穿螺栓。如图 3-16 所示。

3.1.6 施工要点及工艺标准

3.1.6.1 施工要点

（1）基础混凝土强度达到设计强度的 70%，方能进行分解组塔。

（2）杆塔组装前应根据塔型结构图分段选料核对塔材，并对塔材进行外观检查，不符合规范要求的塔材不得组装。

（3）角钢杆塔分解组立可采用悬浮抱杆等工器具，使用抱杆组塔，宜采用专用辅助装置安装抱杆承托绳、腰环拉线等，辅助装置宜采用螺栓连接方式与塔材固定。

（4）杆塔组立应有防止塔材变形、磨损的措施，临时接地应连接可靠，每段安装完毕时杆塔辅材、螺栓应装齐，严禁强行组装。

（5）抱杆每次提升前，须将已组立塔段的横隔材装齐，悬浮抱杆腰环不得少于2道。

（6）吊片就位应先低后高，严禁强行组装。

（7）塔身分片吊装，吊点应选在两侧主材节点处，距塔片上段距离不大于该片高度的1/3，对于吊点位置根开较大、辅材较弱的吊片应采取补强措施。

（8）杆塔组立后，塔脚板应与基础面接触良好，有空隙时应用垫铁垫实，并应浇筑水泥砂浆。

（9）在施工过程中需加强对基础和塔材的成品保护。

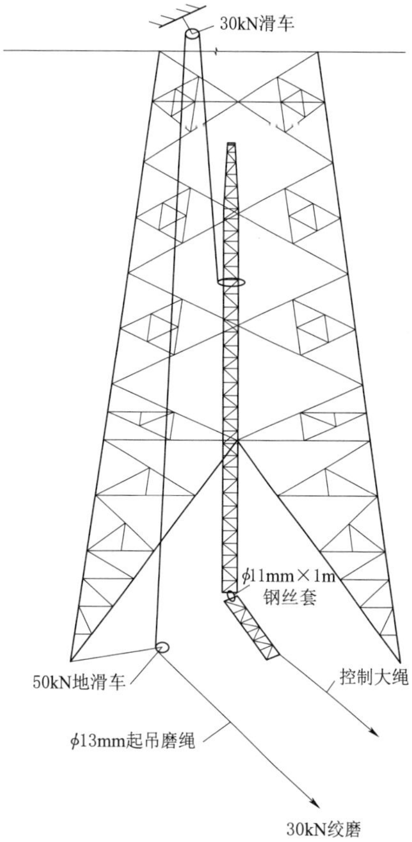

图3-16 抱杆拆除示意图

3.1.6.2 工艺标准

（1）塔材、螺栓、脚钉及垫片等应有出厂合格证。

（2）塔材无弯曲、脱锌、变形、错孔、磨损。

（3）螺栓的螺纹不应进入剪切面。

（4）螺栓紧固力矩符合规范要求，且上限不宜超过规定值的20%。

（5）自立式转角塔、终端塔应组立在斜平面的基础上，向受力反方向预倾斜，预倾斜符合规定。

（6）杆塔组立后，各相邻主材节点间弯曲度不得超过1/750。

（7）每腿均设置接地孔，接地孔位置应保证接地引下线联板顺利安装。

（8）螺栓穿向应一致美观。螺母拧紧后，螺杆露出螺母的长度：对单螺母，不应小于两个螺距；对双螺母，可与螺母相平。螺栓露扣长度不应超过20mm或10个螺距。

（9）螺栓加垫时，每端不宜超过2个垫圈。

（10）杆塔脚钉安装应齐全，脚蹬侧不得露丝，弯钩朝向应一致向上。

（11）防盗螺栓安装到位，安装高度符合设计要求。防松帽安装齐全。

（12）直线塔结构倾斜率：对一般塔不大于 0.24%，对高塔不大于 0.12%。耐张塔架线后不向受力侧倾斜。

3.2 内拉线悬浮抱杆立塔

3.2.1 基础知识及相关规程

3.2.1.1 基础知识

相比外拉线悬浮抱杆，内拉线悬浮抱杆适用于场地狭窄、有条件设置内拉线的一般塔型的吊装，不适用于酒杯型、猫头型、紧凑型杆塔组立。内拉线分别固定在杆塔的四根主铁上，所以它可以不受杆塔周围地形的影响，同时也减少了因埋设拉线地锚所需要的工作量。但内拉线抱杆也存在着不够理想之处，在抱杆升落时，由于塔身内部绳索较多，操作起来不太方便。

220kV 及以下送电线路组塔施工常用□350mm、□500mm、□600mm 断面内拉线抱杆，本篇以□500mm×20m 内拉线悬浮抱杆立塔施工为例。

3.2.1.2 相关规程

（1）杆塔组立施工前，应针对塔型特点及施工条件进行杆塔组立施工技术设计，制订相应的施工方案和编制作业指导书。

（2）杆塔组立施工技术设计时，应在计及风荷载的影响下对所用机具受力状况进行分析、计算，并应以受力最大值作为选择工器具的依据。

（3）组塔施工用抱杆的设计、制造、使用应符合《电力建设安全工作规程 第 2 部分：电力线路》（DL 5009.2—2013）、《架空输电线路施工机具基本技术要求》（DL/T 875—2016）和《架空输电线路施工抱杆通用技术条件及试验方法》（DL/T 319—2018）的规定。

（4）其他起重机具的设计、制造和使用应符合《电力建设安全工作规程 第 2 部分：电力线路》（DL 5009.2—2013）和《架空输电线路施工机具基本技术要求》（DL/T 875—2016）的规定。

（5）杆塔组立方法的选择及施工场地布置应符合环境保护与水土保持要求，并应符合《建设工程施工现场环境与卫生标准》（JGJ 146—2013）的规定。

（6）组塔施工前杆塔基础应经中间检查验收合格。

（7）杆塔施工质量应符合《110kV～750kV 架空输电线路施工及验收规范》（GB 50233—2014）的规定及设计要求。

3.2.2 施工前准备及现场踏勘

3.2.2.1 施工准备

1. 技术准备

（1）杆塔图纸会审时，应根据杆塔组立、架线等的需要，要求设计预留施工孔或施工板。

（2）组塔施工前应由技术部门负责编写《杆塔组立施工方案》。

（3）完成对所有施工人员的安全技术交底。

（4）基础必须经中间验收合格，组塔施工前必须对基础顶面高差、根开进行重点测量复核。

（5）分解组立杆塔时，基础混凝土的抗压强度必须达到设计强度的70%。

2. 材料准备

（1）组塔施工段的塔材、螺栓等运输到位，并进行对料、分料，按吊装次序在现场摆放堆置整齐。

（2）到货塔材、螺栓应有出厂合格证明，并做好取样试验。

（3）塔料清点后，应将余缺料和质量不符合要求的塔料填好记录清单后报材料部门补料。

（4）对规格及编号与图纸不符的构件，应查明原因，原因不明者应上报技术部门。

（5）塔料角钢弯曲度不超过对应长度的2‰，最大弯曲变形量不大于5mm。当角钢弯曲变形量超过2‰时，应采用冷矫正法矫正。矫正后的角铁不得有洼陷、凹痕、裂缝。

（6）运至现场后，构件若出现镀锌剥落，露出部位应涂富锌漆防腐，对较大面积镀锌剥落构件应予调换。

（7）对有明显镀锌色差的塔材要求更换。

3. 场地准备

（1）杆塔组立前应对场地进行平整，对影响组装的凹凸地面应铲平和填平。

（2）对山区不能满足塔片组装的场地，应支垫道木，使组装场地平整稳固。严防构件滚动和因自重下沉而倾倒。

（3）对影响杆塔组立及抱杆起立施工安全范围内的障碍物，如电力线、通信线、道路、树木等，应事先采取对应措施，必要时制订特殊施工方案。

（4）施工场地周围应设置围栏，禁止无关人员进入施工现场。

4. 工器具准备

（1）工器具严格按配置表要求进行选配，在现场进行有序整理、整齐摆放、清晰标识。

（2）各工器具应附有试验合格证明资料。

（3）所有计量器具必须有检验合格证明，且在有效使用期内。

3.2.2.2 现场踏勘

组塔施工前技术部门应组织进行现场踏勘，根据设计图纸对杆塔结构进行技术统计分析，结合现场地形条件确定选用抱杆规格；根据选定抱杆技术特性、现场地形条件及安全规程进行现场布置，明确抱杆的起立、提升及拆除施工方案，绘制相应的现场施工器具布置示意图，确定拉线、浪风绳、起吊绞磨的设置要求及相应锚桩吨位要求，明确各个工序人员组织形式及安全措施要求。

3.2.3 抱杆及工器具选择与分析计算

3.2.3.1 □500mm×20m 内悬浮内拉线格构式铝合金抱杆特性

1. 抱杆规格

铝合金结构断面 500mm×500mm，最大连接高度为 20m，表 3-4 为 □500mm 抱杆杆段配置质量表。

表 3-4　　　　　　　　　□500mm 抱杆杆段配置质量表

段别	头部	上段	4m 中段	下段	腰环	合计
段长/mm	360	4000	4000×3	4000	（2 副）	20000
段重/kg	46	86	78×3	158	9×2	542

2. 抱杆使用参数

表 3-5 为 □500mm 抱杆使用参数表。

表 3-5　　　　　　　　　□500mm 抱杆使用参数表

抱杆连接	段 间 连 接		旋转头部与上段间连接	
	6.8 级 M16×45 每个断面 12 颗		8.8 级 M24×55 1 颗	
拉线挂点	φ30mm 挂孔，节点允许载荷 30kN		抱杆悬浮有效高度	≤2/3L
使用参数	抱杆倾角	起吊钢绳与 抱杆轴线夹角	上拉线合力线与 抱杆轴线夹角	承托绳与 抱杆夹角	控制大绳与 水平面夹角
	≤5°	≤20°	≥13°	≤45°	≤45°
允许中心 轴向压力 全高 20m 85kN	允许最大吊重		15kN （包括附加重量）	外拉线与 水平面夹角	≤45°

抱杆的连接螺栓不得缺少，必须拧紧，并在抱杆起立后将接头螺栓复紧一遍；抱杆由上而下连接，连接要正直，不直时中间可加平垫片调整；抱杆的小滑轮每次都需涂加黄油，并检查轮轴的情况。连接螺栓使用一次后不得再用于抱杆连接。

3.2.3.2 抱杆各系统布置及使用要求

1. 起吊系统

（1）起吊绳选用 φ13mm 钢丝绳，走 2 道磨绳。

（2）起吊滑车采用50kN单轮滑车，地滑车采用30kN单轮滑车。

（3）控制大绳采用φ10mm强力丝牵引绳。

（4）起吊系统布置如图3-17所示。

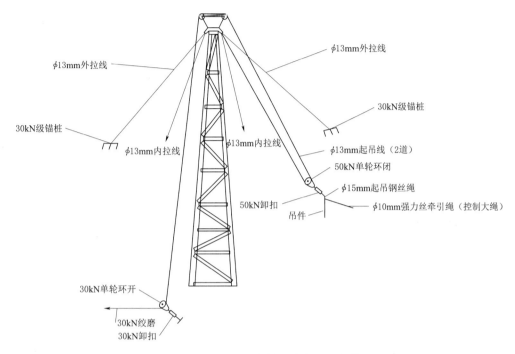

图3-17　起吊及拉线系统布置示意图

2. 拉线系统

（1）内拉线采用φ13mm钢丝绳。

（2）拉线系统布置如图3-17所示。

3. 承托系统

（1）承托系统主绳选用φ17.5mm钢丝绳，采用50kN双钩+钢丝套绑在主材节点上方，如图3-18所示。承托滑轮需布置在起吊侧，如左右分片吊装改为前后分片吊装时，则承托滑轮需同步旋转90°进行布置。

（2）承托绳与抱杆轴线夹角不大于45°。

4. 提升系统

（1）提升抱杆必须使用两道腰环，腰环间距大于5m。

（2）抱杆应布置在杆塔中心，提升前使抱杆正直，提升时绞磨应缓慢、平稳，并随时观察抱杆正直情况。

（3）对内拉线抱杆，在腰环设置完成后，将内拉线移到已组立塔身最上端节点的下方；随后收紧提升绳，拆除承托绳，继续提升抱杆至预定高度后，将4根内拉线同时绑扎固定；再继续提升抱杆顶紧上拉线后打设承托绳。抱杆提升示意图如图3-19所示。

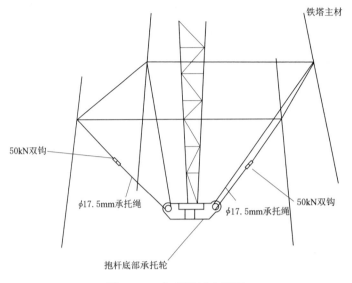

图 3-18 抱杆承托布置图

（4）然后松弛腰环即可进行吊装作业，起吊过程中严禁腰环受力。承托绳打设在塔身专用的承托板上或主材节点上，严禁打设在塔段小水平材上。

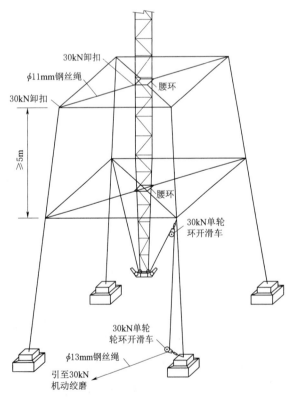

图 3-19 抱杆提升示意图

3.2.3.3 抱杆受力计算

内拉线悬浮抱杆分解组塔的施工计算应包括主要工器具的受力计算及构件的强度验算。主要工器具包括控制绳、起吊绳（包括起吊滑车组、吊点绳、牵引绳等）、抱杆、抱杆拉线、承托绳、提升绳、起吊滑车和地滑车等。工器具受力计算应先将全塔各次的吊重及相应的抱杆倾角、控制绳及拉线对地夹角进行组合，计算各工器具受力，取其最大值作为选择相应工器具的依据。图 3-20 为内拉线悬浮抱杆组塔受力分析图。

设定牵引绳穿过朝天滑车及腰滑车后引至地面。

1. 控制绳

分片或分段吊装时，绑扎吊件

处的控制绳采用一根钢丝绳，钢丝绳对地的夹角宜为 $30°\sim 60°$，以保证塔片平稳提升。其合力计算式为

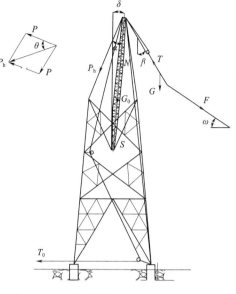

$$F = \frac{\sin\beta}{\cos(\omega+\beta)}G \qquad (3-15)$$

式中　F——控制绳的静张力合力，kN；

　　　G——被吊构件的重力，kN；

　　　β——起吊滑车组轴线与铅垂线间的夹角，(°)；

　　　ω——控制绳对地夹角，(°)。

取 $G=15\text{kN}$，$\beta=20°$，$\omega=45°$，采用单根钢丝绳控制，则有

$$F = \frac{\sin\beta}{\cos(\omega+\beta)}G = 12.14\text{kN}$$

图 3-20　内拉线悬浮抱杆组塔受力分析图

以 $F=12.14\text{kN}$ 为控制绳的选取条件，选破断力为 58.8kN 的 $\phi10\text{mm}$ 强力丝牵引绳作为控制绳，其允许张力为

$$[T] = \frac{T_{破}}{KK_1} = 15.08\text{kN}$$

式中　K——安全系数，取 3；

　　　K_1——动荷系数，取 1.3。

$[T]>F$，满足要求。

因此选 $\phi10\text{mm}$ 强力丝牵引绳作为控制绳可以满足要求。

2. 起吊绳

如图 3-20 所示，起吊绳（起吊滑车组、吊点绳）的合力计算式为

$$T = \frac{\cos\omega}{\cos(\omega+\beta)}G \qquad (3-16)$$

式中　T——起吊绳（起吊滑车组、吊点绳）的合力，kN。

取 $G=15\text{kN}$，$\beta=20°$，$\omega=45°$，则有

$$T = \frac{\cos\omega}{\cos(\omega+\beta)}G = 25.09\text{kN}$$

3. 牵引绳

根据起吊绳的合力求总牵引绳的静张力为

$$T_0 = \frac{T}{n\eta^n} \qquad (3-17)$$

式中　T_0——总牵引绳的静张力，kN；

n——起吊滑车组钢丝绳的工作绳数，$n=2$（根）；

η——滑车效率，$\eta=0.95$。

以 $T_0=13.90\text{kN}$ 为起吊绳的选取条件，选破断力为 88.2kN 的 $\phi13\text{mm}$ 钢丝绳作为牵引绳，其允许张力为

$$[T]=\frac{T_{破}}{KK_1}=18.38\text{kN}$$

式中　K——安全系数，取 4；

K_1——动荷系数，取 1.2。

$[T]>T$，满足要求。

因此选 $\phi13\text{mm}$ 钢丝绳作为牵引绳可以满足要求。

4. 抱杆

牵引绳穿过朝天滑车及腰滑车后引至地面时，抱杆的综合计算轴向压力为

$$N=N_0+T_0=\frac{\cos\omega\sin(\beta+\delta+\alpha)}{\cos(\beta+\omega)\sin\alpha}G+T_0 \qquad (3-18)$$

式中　N——抱杆的综合计算轴向压力，kN；

N_0——起吊绳、抱杆拉线对抱杆产生的轴心压力，kN；

δ——抱杆轴线与铅垂线间的夹角（即抱杆倾斜角），(°)；

α——主要受力拉线的合力与抱杆轴线的夹角，(°)。

取 $G=15\text{kN}$，$\alpha=13°$，$\beta=20°$，$T_0=13.90\text{kN}$，$\delta=5°$，$\omega=45°$，则有

$$N=N_0+T_0=\frac{\cos\omega\sin(\beta+\delta+\alpha)}{\cos(\beta+\omega)\sin\alpha}G+T_0=82.88\text{kN}$$

此抱杆在允许最大工况时，综合计算压力为 82.88kN。抱杆最大的综合计算压力 82.88kN$<$85kN，所以抱杆安全。

5. 抱杆拉线

牵引绳穿过朝天滑车及腰滑车后引至地面，抱杆倾斜角一般为 0°～10°，在起吊构件的重力作用下，只考虑两根主要拉线受力。两根主要拉线合力的计算式为

$$P_h=\frac{\cos\omega\sin(\beta+\delta)}{\cos(\beta+\omega)\sin\alpha}G \qquad (3-19)$$

式中　P_h——主要受力拉线的合力，kN。

取 $G=15\text{kN}$，$\beta=20°$，$\omega=45°$，$\delta=5°$，$\alpha=13°$，则有

$$P_h=\frac{\cos\omega\sin(\beta+\delta)}{\cos(\beta+\omega)\sin\alpha}G=47.15\text{kN}$$

如暂不考虑布置上的误差，即两根拉线的不平衡系数，主要受力单根拉线的静张力为

$$P=\frac{1}{2\cos\theta}P_h \qquad (3-20)$$

式中　P——主要受力拉线的静张力，kN；

　　　　θ——受力侧拉线与其合力线间的夹角，(°)。

以 $P=24.20\mathrm{kN}$ 为抱杆拉线的选取条件，选破断力为 97.7kN 的 $\phi13\mathrm{mm}$ 钢丝绳作为抱杆拉线，其允许张力为

$$[T]=\frac{T_{破}}{K}=24.43\mathrm{kN}$$

式中　K——安全系数，取 4。

$[T]>P$，满足要求。

因此选 $\phi13\mathrm{mm}$ 钢丝绳作为抱杆拉线可以满足要求。

6. 承托绳

承托绳的受力不仅要承担抱杆的外荷载，同时还要承担抱杆及拉线等附件的重力。当抱杆向受力侧倾斜时，受力侧承托绳合力较受力反侧为大，其值为

$$S=\frac{(N+G_0)\sin(\varphi+\delta)}{\sin(2\varphi)} \tag{3-21}$$

式中　S——抱杆向受力侧倾斜时，受力侧承托绳的合力，kN；

　　　　N——抱杆的综合计算轴向压力，kN；

　　　　G_0——抱杆及拉线等附件的重力，kN；

　　　　φ——受力侧两承托绳合力线与抱杆轴线间的夹角，(°)。

取 $G_0=5.03\mathrm{kN}$，$\omega=45°$，$\delta=5°$，$\alpha=13°$，$\varphi=45°$，则有

$$S=\frac{(N+G_0)\sin(\varphi+\delta)}{\sin(2\varphi)}=67.34\mathrm{kN}$$

单根承托绳受力为

$$S_0=\frac{S}{2\cos\varepsilon} \tag{3-22}$$

式中　S_0——抱杆向受力侧倾斜时受力侧单根承托绳的受力，kN；

　　　　ε——受力侧承托绳与其合力线间的夹角，根据承托绳与抱杆轴线夹角不大于

　　　　　　45°，求得本抱杆 $\varepsilon\leqslant30°$。

以 $S_0=38.88\mathrm{kN}$ 为承托绳的选取条件，则抱杆选取破断力为 177.1kN 的 $\phi17.5\mathrm{mm}$ 钢丝绳作为本抱杆的承托绳系统。

$$[T]=\frac{T_{破}}{KK_2}=40.25\mathrm{kN}$$

式中　K——承托钢丝绳的安全系数，取 4；

　　　　K_2——承托钢丝绳的不平衡系数，取 1.1。

$[T]>S_0$，满足要求。

因此选 $\phi17.5\mathrm{mm}$ 钢丝绳的作为本抱杆的承托绳，满足施工要求。

7. 提升绳

抱杆提升绳在塔腿对角侧设置一组，抱杆提升时的重量包括抱杆本体重量和索具等附加重量 G_0，则有

$$M = \frac{G_0}{2\cos\gamma} \tag{3-23}$$

式中　M——提升绳的静张力，kN；

G_0——抱杆及拉线等附件的重力，kN；

γ——提升绳与抱杆轴向的夹角，(°)。

取 $\gamma = 30°$，$G_0 = 5.03\text{kN}$，则有

$$M = \frac{G_0}{2\cos\gamma} = 2.90\text{kN}$$

用滑车单吊，则提升绳的静张力为

$$M_0 = \frac{M}{n\eta^n} \tag{3-24}$$

式中　M_0——变幅绳的静张力，kN；

n——起吊滑车组钢丝绳的工作绳数，$n = 2$；

η——滑车效率，$\eta = 0.95$。

以 $M_0 = 1.61\text{kN}$ 为提升绳的选取条件，则提升绳选破断力为 88.2kN 的 $\phi13\text{mm}$ 钢丝绳为拉线，其允许张力为

$$[T] = \frac{T_\text{破}}{KK_1} = 18.38\text{kN}$$

式中　K——提升绳的安全系数，取 4；

K_1——提升滑车组的动荷系数，取 1.2。

$[T] > M_0$，满足要求。

因此选用破断力为 88.2kN 的 $\phi13\text{mm}$ 钢丝绳作为提升绳可满足要求。

8. 起吊滑车

起吊滑车的受力计算式为

$$T_\text{h} = T_0 + T \tag{3-25}$$

式中　T_h——定滑车的受力，kN；

T——起吊绳（起吊滑车组、吊点绳）的合力，kN；

T_0——总牵引绳的静张力，kN。

以 $T_\text{h} = 38.99\text{kN}$ 为起吊滑车的选取条件，因此选用 50kN 的起吊滑车可满足要求。

9. 地滑车

地滑车受力计算式为

$$T_1 = \sqrt{2}\, T_0 \qquad\qquad (3-26)$$

式中　T_1——地滑车的受力，kN。

以 $T_1 = 19.66\text{kN}$ 为地滑车的选取条件，因此选用30kN的地滑车可满足要求。

3.2.3.4　主要工器具

内拉线悬浮抱杆立塔主要工器具见表3-6。

表3-6　　　　　　　　内拉线悬浮抱杆立塔主要工器具

序号	名　称		规　格	单位	数量	备　注
1	抱杆本体	抱杆	□500mm×20m	副	1	6.8级 M16×45，每个断面12颗
2	人字抱杆起立	人字抱杆	ϕ150mm×10m	根	2	人字抱杆用
3		钢丝绳（套）	ϕ13mm×80m	根	1	起立抱杆用
4		钢丝绳（套）	ϕ13mm×2.5m	根	2	制动钢丝绳
5		钢丝绳（套）	ϕ13mm×30m	根	1	起吊钢丝绳
6		钢丝绳（套）	ϕ13mm×2.5m	根	2	绑扎钢丝绳
7		滑车	30kN，单轮环闭	只	2	
8		滑车	30kN，单轮环开	只	1	
9		卸扣	30kN	只	3	
10	承托系统	钢丝绳（套）	ϕ17.5mm×12m	根	2	承托绳（1960），每副配ϕ17.5mm×1.5m、ϕ17.5mm×4m各2根
11		双钩	50kN	只	2	承托用
12		卸扣	50kN	只	6	承托用
13	提升系统	钢丝绳（套）	ϕ13mm×150m	根	1	提升绳
14		钢丝绳（套）	ϕ11mm×8m	根	8	腰环绳
15		腰环		副	2	
16		滑车	30kN	只	3	
17		卸扣	30kN	只	12	
18	起吊系统	钢丝绳（套）	ϕ13mm×200m	根	2	牵引绳
19		强力丝牵引绳	ϕ10mm×100m	根	4	控制大绳
20		钢丝绳（套）	ϕ15mm×6m	根	6	起吊绳套
21		钢丝绳（套）	ϕ13mm×2.5m	根	4	补强绳套
22		滑车	50kN	只	4	单轮环开，起吊用2只，地滑车用2只
23		滑车	30kN	只	5	单轮环开，腰滑车2只，导向滑车3只
24		卸扣	50kN	只	2	起吊滑车用
25		地钻	1.6m	只	2	
26		松绳器		只	4	
27		手拉葫芦	30kN	根	2	

续表

序号	名 称		规 格	单位	数量	备 注
28	拉线系统	钢丝绳（套）	$\phi13mm\times15m$	根	4	内拉线，每付配$\phi13mm\times5m$ 4根最下端接续使用
29		钢丝绳（套）	$\phi13mm\times100m$	根	4	外拉线4根，每付配马鞍螺丝 $\phi12mm\times8$只
30		钢丝绳（套）	$\phi15mm\times3m$	根	4	保险钢丝绳
31		手拉葫芦	30kN	只	4	仅供调整抱杆内拉线使用
32		卸扣	30kN	只	8	
33	动力系统	机动绞磨	30kN	台	1	专用套$\phi13mm\times1.5m$
		地钻	1.6m	个	2	
		双钩	30kN	只	1	
34		卸扣	30kN	只	30	
35		钢丝套	$\phi13mm/\phi15mm\times$ $(3\sim8)m$	根	20/20	
36	安全用具	尼龙绳	$\phi14mm\times250m$	根	1	可用作攀登自锁绳、水平扶手绳
37		攀登自锁器		只	4	
38		速差自控器	20m	只	6	
39	消耗用品	尼龙绳	$\phi12mm$	m	250	
40	辅助工具	道木		块	20	配大道木2块
41		大锤	18磅/4磅	把	1/1	
42		帐篷		顶	1	
43		其他	梅花扳手、尖扳手、杠棒、撬棍、管子钳、螺栓桶、圆锉、钢锯弓、油桶、钢锯条、铁丝等			

3.2.4 施工场地布置

现场实行模块化管理，按功能将现场区域划分为施工区域、工具棚、螺栓堆放区、工器具堆放区、塔料堆放区等，另设安全文明施工标牌及旗帜等。

3.2.4.1 施工区域

施工区域外围设钢管组装式安全围栏（图3-5）。围栏采用钢管及扣件组装，其中立杆间距为2.0m，高度为1.2m（中间距地0.5m高处设一道横杆），杆件以红白油漆涂刷，间隔均匀，尺寸规范。围栏上挂设"严禁跨越"等警示标志牌。

施工区域出入口设置施工通道和安全通道，两通道之间用钢管围栏进行隔离区分，入口设"施工通道"和"安全通道"指示牌。通道设"五牌一图"及相关安全文明施工标牌。通道围栏外挖设排水沟。

3.2.4.2 工具棚

采用绿色军用帐篷，设置工具架2只。工具分类摆放整齐，设"工具标识牌（合格）"，工具棚布置如图 3-6 所示。

3.2.4.3 螺栓堆放区

地面平整，铺设彩条布，四周用门形硬围栏隔离，其中一面可利用已有的钢管围栏。螺栓按不同规格分开整齐堆放，设置"材料标识牌（合格）"。

3.2.4.4 工器具堆放区

地面平整，铺设彩条布。工器具分类堆放整齐，设"工器具标识牌（合格）"。所有机械设备设"机械设备状态牌（完好机械）"，螺栓和工器具堆放示意图参见图 3-7 和图 3-8。

3.2.4.5 塔料堆放区

堆放区域用门形硬围栏隔离，地面平整，塔料堆放整齐，塔料与地面之间用木道木进行衬垫，设"塔料堆放区"牌子。

3.2.5 施工过程

3.2.5.1 施工工艺流程

内拉线悬浮抱杆立塔施工工艺流程与外拉线相同，如图 3-9 所示。

3.2.5.2 抱杆起立

根据现场情况，可采用人字抱杆或平台起立抱杆。

人字抱杆选用 $\phi150\text{mm}\times10\text{m}$ 人字铝合金管抱杆，按倒落式人字抱杆整立的原理起立悬浮抱杆，抱杆起始角为 $60°$，布置示意图如图 3-10 所示。

抱杆起立时其根部应用道木做好防沉措施，并用 $\phi13\text{mm}$ 钢丝套将根部锚固在 30kN 锚桩上。

$\phi13\text{mm}$ 起吊钢丝绳长度为 30m，起吊绳与抱杆的绑扎采用 $\phi13\text{mm}\times2.5\text{m}$ 钢丝绳；牵引绳采用 $\phi13\text{mm}$ 钢丝绳。

布置时应使绞磨总地锚、人字抱杆中心、制动中心和抱杆顶部处于同一条直线上；抱杆离地 0.8m 左右停止牵引并做冲击试验，试验合格后再继续起立。

起立前设置好两侧及前后侧的抱杆起立控制拉线，其中两侧拉线需收紧，反侧拉线呈松弛状态。拉线锚桩距杆塔中心距离不小于抱杆起立高度的 1.2 倍。

抱杆起立 $60°$ 时，要预先收紧反侧拉线，并随抱杆起立，同步松出反侧拉线，待抱杆起立到 $80°$ 时，停止牵引，利用拉线将抱杆调直。

3.2.5.3 杆塔吊装

1. 杆塔平台组立

（1）地形较好的杆塔平台采用起立好的抱杆进行吊装。

（2）杆塔平台主材吊装如图 3-11 所示，水平铁及八字铁组片吊装如图 3-12 所示。

（3）先吊装主材（带上小斜材），松起吊绳前在主材顶端 45°方向各打设一根防倾拉线。在杆塔四个面辅材安装完毕之前，不得拆除防倾拉线。防倾拉线锚桩使用抱杆外拉线锚桩。

（4）四根主材起吊完成后，再利用抱杆吊装水平铁及八字铁。场地允许时水平铁和八字铁可组片吊装，吊装时必须有足够的补强措施，防止"包饺"。

（5）铁塔平台搭设完毕后立即装上接地引下线。

2. 塔身吊装

（1）塔身吊装前在地面将其分成左右两片进行组装。塔片的组装应根据杆塔的分段、就位要求及抱杆的实际最大允许荷重而定，前后侧的斜材、辅材分别带在相应的主材上，其上部连上螺栓（必须平帽以上），下端为自由端，用绳索绑在主材上，严禁自由端朝上。若塔片所带的辅材的自由端超过塔片下端，为防止起吊过程材料弯曲变形，可待塔片吊至一定高度后再装上。当塔片超重时，侧面斜材、铺材均不带上。

（2）吊点一般用专门钢丝套、工具 U 型环等工具，对于塔片等对称吊件宜采用对称两点绑扎起吊，对于横担等难以控制平衡的吊件，宜采用三点绑扎起吊。

根据地形确定起吊方向，塔片应尽量靠近塔身位置组装。若塔片离吊点距离较大，应用人力撬移塔片。

（3）塔片吊装时必须要有可靠的补强的措施。

（4）塔片吊装采用拎吊法，如图 3－13 所示，具体操作步骤为：启动绞磨使一侧塔片徐徐上升，调整控制绳，使塔片稍离已组立塔身（以不相碰为原则），控制大绳应随塔片上升徐徐放松；当塔片提升至较低一侧能安装时，即停止牵引，调整接头位置，用尖扳手插入连接处的一对孔，在其他孔中带一个螺栓，然后徐徐回松绞磨，使另一接头达到安装要求，用尖扳手对孔，穿入螺栓，然后将两接头处所有螺栓全部装上并拧紧；并将该塔片两侧最下一根大斜材连接上，固定好已组塔片，即可回松绞磨，将起吊索具回拽至地面。另一侧塔片按上述方法吊装就位，自下而上连接侧面斜材和水平材。

（5）吊装完一段进行下一段吊装前，必须将吊装好的这一段所有构件组装完成并紧固螺栓，方能进行下一段的吊装，若缺较大构件时（主材、交叉铁或较大水平铁和斜材），禁止进行下一段的吊装。

（6）塔片组装高度一般不超过 9m。吊装过程中若塔片变形较大，应立即停磨放下塔片，检查吊点的补强是否得当，处理后方可重新起吊。

3. 地线顶架及横担吊装

（1）地线顶架吊装。地线顶架独立吊装。吊点选两点，起吊绳选用两根 $\phi15mm×6m$ 钢丝绳，交叉绑在地线顶架下平面左右两侧节点上，采用直拎式吊装，并使横担外端略上翘，就位时先将上平面主材螺栓连上，再以此为旋转支点徐徐松落，完成下平面主材就位，如图 3-14 所示；严禁以先就位下平面主材、再收紧磨绳的方式进行上平面主材就位。

（2）上导线横担吊装。上导线横担利用抱杆整体吊装，横担吊点选两点。起吊绳选用两根 φ15mm×6m 钢丝绳，交叉绑在横担下平面左右两侧节点上。在地线顶架上平面安装一只 30kN 导向滑车，起吊钢丝绳为一道，φ15mm 起吊钢丝绳尾头锁于 30kN 卸扣上，经 50kN 起吊滑车、30kN 塔腿导向滑车引至绞磨，如图 3-15 所示。

（3）中、下导线横担吊装。杆塔中、下导线横担起吊方式与上导线横担相同，起吊时可以在地线顶架横担处加装一只 30kN 导向滑车，起吊示意图可参考上导线横担吊装示意图。

3.2.5.4　抱杆拆除

抱杆拆除采用拎吊法，绑扎点严禁设置在旋转头部上。地线顶架吊装结束后，安装好塔身的辅铁，并将塔身螺栓紧固后，在杆塔顶部挂一只 30kN 滑车，塔身吊点绑在主材节点处，并垫衬道木和麻袋布，按抱杆提升的逆顺序降低抱杆高度，将钢丝绳固定在抱杆重心以上，利用起吊绳作为拆除抱杆磨绳，磨绳通过滑车进绞磨，回松牵引绳降落抱杆，同时在抱杆根部绑上大绳，将抱杆自塔身内松至地面，然后逐段拆卸。

必须待抱杆根部落地平稳，并将绞磨封死后，操作人员方可上抱杆拆除待拆卸段抱杆的连接螺栓。拆卸前，必须用 φ11mm×1m 钢丝套将被拆段与上段连接在一起做保险，防止螺栓拆除后抱杆的突然倒落，拆除螺栓时，必须将拆除螺帽的螺栓由上向下重新穿入抱杆连接点，并保证每个角上不少于 2 个倒穿螺栓，如图 3-16 所示。

3.2.6　施工要点及工艺标准

3.2.6.1　施工要点

（1）基础混凝土强度达到设计强度的 70%，方能进行分解组塔。

（2）杆塔组装前应根据塔型结构图分段选料核对塔材，并对塔材进行外观检查，不符合规范要求的塔材不得组装。

（3）角钢杆塔分解组立可采用悬浮抱杆等工器具，使用抱杆组塔，宜采用专用辅助装置安装抱杆承托绳、腰环拉线等，辅助装置宜采用螺栓连接方式与塔材固定。

（4）杆塔组立应有防止塔材变形、磨损的措施，临时接地应连接可靠，每段安装完毕时杆塔辅材、螺栓应装齐，严禁强行组装。

（5）抱杆每次提升前，须将已组立塔段的横隔材装齐，悬浮抱杆腰环不得少于 2 道。

（6）吊片就位应先低后高，严禁强行组装。

（7）塔身分片吊装，吊点应选在两侧主材节点处，距塔片上段距离不大于该片高度的 1/3，对于吊点位置根开较大、辅材较弱的吊片应采取补强措施。

（8）杆塔组立后，塔脚板应与基础面接触良好，有空隙时应用垫铁垫实，并应浇筑水泥砂浆。

（9）在施工过程中需加强对基础和塔材的成品保护。

3.2.6.2　工艺标准

（1）塔材、螺栓、脚钉及垫片等应有出厂合格证。

（2）塔材无弯曲、脱锌、变形、错孔、磨损。

（3）螺栓的螺纹不应进入剪切面。

（4）螺栓紧固力矩符合规范要求，且上限不宜超过规定值的20%。

（5）自立式转角塔、终端塔应组立在斜平面的基础上，向受力反方向预倾斜，预倾斜符合规定。

（6）杆塔组立后，各相邻主材节点间弯曲度不得超过1/750。

（7）每腿均设置接地孔，接地孔位置应保证接地引下线联板顺利安装。

（8）螺栓穿向应一致美观。螺母拧紧后，螺杆露出螺母的长度：对单螺母，不应小于两个螺距；对双螺母，可与螺母相平。螺栓露扣长度不应超过20mm或10个螺距。

（9）螺栓加垫时，每端不宜超过2个垫圈。

（10）杆塔脚钉安装应齐全，脚蹬侧不得露丝，弯钩朝向应一致向上。

（11）防盗螺栓安装到位，安装高度符合设计要求。防松帽安装齐全。

（12）直线塔结构倾斜率：对一般塔不大于0.24%，对高塔不大于0.12%。耐张塔架线后不向受力侧倾斜。

3.3　汽车吊立塔

3.3.1　基础知识及相关规程

3.3.1.1　基础知识

汽车吊立塔选用的汽车吊主要是汽车式起重机，汽车吊适用于地形、运输条件较好的塔位，可采用分解组立或整体组立的方式。

3.3.1.2　相关规程

（1）杆塔组立施工前，应针对塔型特点及施工条件进行杆塔组立施工技术设计，制订相应的施工方案和编制作业指导书。

（2）杆塔组立施工技术设计时，应在计及风荷载的影响下对所用机具受力状况进行分析、计算，并应以受力最大值作为选择工器具的依据。

（3）组塔施工用抱杆的设计、制造、使用应符合《电力建设安全工作规程　第2部分：电力线路》（DL 5009.2—2013）、《架空输电线路施工机具基本技术要求》

（DL/T 875—2016）和《架空输电线路施工抱杆通用技术条件及试验方法》（DL/T 319—2018）的规定。

（4）其他起重机具的设计、制造和使用应符合《电力建设安全工作规程 第2部分：电力线路》（DL 5009.2 2013）和《架空输电线路施工机具基本技术要求》（DL/T 875—2016）的规定。

（5）杆塔组立方法的选择及施工场地布置应符合环境保护与水土保持要求，并应符合《建设工程施工现场环境与卫生标准》（JGJ 146—2013）的规定。

（6）组塔施工前杆塔基础应经中间检查验收合格。

（7）杆塔施工质量应符合《110kV～750kV架空输电线路施工及验收规范》（GB 50233—2014）的规定及设计要求。

3.3.2 施工前准备及现场踏勘

3.3.2.1 施工准备

1. 技术准备

（1）杆塔图纸会审时，应根据杆塔组立、架线等的需要，要求设计预留施工孔或施工板。

（2）组塔施工前应由技术部门负责编写《杆塔组立施工方案》。

（3）完成对所有施工人员的安全技术交底。

（4）基础必须经中间验收合格，组塔施工前必须对基础顶面高差、根开进行重点测量复核。

（5）分解组立杆塔时，基础混凝土的抗压强度必须达到设计强度的70%。

2. 材料准备

（1）组塔施工段的塔材、螺栓等运输到位，并进行对料、分料，按吊装次序在现场摆放堆置整齐。

（2）到货塔材、螺栓应有出厂合格证明，并做好取样试验。

（3）塔料清点后，应将余缺料和质量不符合要求的塔料填好记录清单后报材料部门补料。

（4）对规格及编号与图纸不符的构件，应查明原因，原因不明者应上报技术部门。

（5）塔料角钢弯曲度不超过对应长度的2‰，最大弯曲变形量不大于5mm。当角钢弯曲变形量超过2‰时，应采用冷矫正法矫正。矫正后的角铁不得有洼陷、凹痕、裂缝。

（6）运至现场后，构件若出现镀锌剥落，露出部位应涂富锌漆防腐，对较大面积镀锌剥落构件应予调换。

（7）对有明显镀锌色差的塔材要求更换。

3. 场地准备

（1）杆塔组立前应对场地进行平整，对影响组装的凸凹地面应铲平和填平。

（2）对影响杆塔组立及抱杆起立施工安全范围内的障碍物，如电力线、通信线、道路、树木等，应事先采取对应措施，必要时制订特殊施工方案。

（3）施工场地周围应设置围栏，禁止无关人员进入施工现场。

4. 工器具准备

（1）工器具严格按配置表要求进行选配，在现场进行有序整理、整齐摆放、清晰标识。

（2）各工器具应附有试验合格证明资料。

（3）所有计量器具必须有检验合格证明，且在有效使用期内。

3.3.2.2 现场踏勘

组塔施工前技术部门应组织进行现场踏勘，根据设计图纸对杆塔结构进行技术统计分析，结合现场地形条件确定选用汽车吊规格；根据选定吊车技术特性、现场地形条件及安全规程进行现场布置，明确汽车吊组立杆塔施工方案，绘制相应的现场施工器具布置示意图，明确各个工序人员组织形式及安全措施要求。明确起吊高度、重量及距离的设置要求，对于地形条件特殊的采用绘制现场布置图进行单基策划。

3.3.3 吊机及工器具选择与分析计算

3.3.3.1 吊机及工器具选择

（1）应根据杆塔参数和地形条件情况，选配适合不同吨位的起重机。小吨位起重机可吊装杆塔腿部、塔身；大吨位起重机可吊装地线支架、导线横担，以及上、下曲臂。

（2）应根据工作半径、吊装高度、吊件重量和吊装位置等因素选择和配置流动式起重机，并应保证各工况下吊件与起重臂、起重臂与塔身的安全距离。

（3）流动式起重机分解组塔施工应进行施工计算，主要施工计算应包括下列内容：

1）施工过程中吊件的强度验算。

2）主要起吊工器具的受力计算。

3）流动式起重机作业工况的选择计算。

4）流动式起重机的通过性验算及行走、转弯和吊装等各种工况下的场地地耐力验算。

3.3.3.2 最大吊装高度验算

汽车吊在不使用副臂、支腿全伸的情况下（计算过程不考虑基础立柱与汽车吊站

位地面高差），最大吊装高度为

$$H=\sqrt{l^2-a^2}+c \qquad (3-27)$$

式中　H——最大吊装高度；

　　　l——汽车吊最大伸出臂长；

　　　a——最大吊装高度时的作业半径，即作业幅度；

　　　c——汽车吊臂杆铰点与地面高度。

3.3.3.3　主要工器具

汽车吊立塔主要工器具见表 3-7。

表 3-7　　　　　　　　　　　汽车吊立塔主要工器具

序号	名称	规　　格	单位	数量	备　　注
1	汽车吊	—	台	1	根据实际情况选用
2	吊带	10T、20T	根	2	起吊
3	钢丝套	$\phi21.5mm$、$\phi17.5mm$、$\phi15mm$、$\phi13mm$	根	12	起吊绳
4	钢丝绳	$\phi13mm\times100m$	根	2	吊件控制绳
5	卸扣	100kN、50kN	个	16	用于各种连接处
6	专用吊具		个	4	
7	吊篮		个	2	

3.3.4　施工场地布置

流动式起重机分解组塔，应选择杆塔正面外侧的中心位置，车体应布置在预留出的撤出通道方向。现场实行模块化管理，按功能将现场区域划分为施工区域、工具棚、螺栓堆放区、工器具堆放区、塔料堆放区等，另设安全文明施工标牌及旗帜等。

3.3.4.1　施工区域

施工区域外围设钢管组装式安全围栏，如图 3-5 所示，采用钢管及扣件组装，其中立杆间距为 2.0m，高度为 1.2m（中间距地 0.5m 高处设一道横杆），杆件以红白油漆涂刷，间隔均匀，尺寸规范。围栏上挂设"严禁跨越"等警示标志牌。

施工区域出入口设置施工通道和安全通道，两通道之间用钢管围栏进行隔离区分，入口设"施工通道"和"安全通道"指示牌。通道设"五牌一图"及相关安全文明施工标牌。通道围栏外挖设排水沟。

3.3.4.2　工具棚

采用绿色军用帐篷，设置工具架 2 只。工具分类摆放整齐，设"工具标识牌（合格）"，工具棚布置如图 3-6 所示。

3.3.4.3 螺栓堆放区

地面平整，铺设彩条布，四周用门形硬围栏隔离，其中一面可利用已有的钢管围栏。螺栓按不同规格分开整齐堆放，设置"材料标识牌（合格）"。

3.3.4.4 工器具堆放区

地面平整，铺设彩条布。工器具分类堆放整齐，设"工器具标识牌（合格）"。所有机械设备设"机械设备状态牌（完好机械）"，图3-7和图3-8为螺栓和工器具堆放区。

3.3.4.5 塔料堆放区

堆放区域用门形硬围栏隔离，地面平整，塔料堆放整齐，塔料与地面之间用木道木进行衬垫，设"塔料堆放区"牌子。

3.3.5 施工过程

3.3.5.1 施工工艺流程

汽车吊立塔施工工艺流程如图3-21所示。

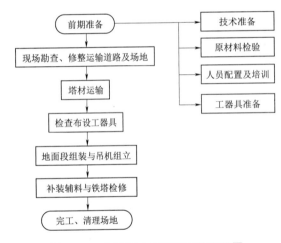

图 3-21　汽车吊立塔施工工艺流程图

3.3.5.2 汽车吊组立角钢塔

1. 汽车吊就位

根据现场实际情况充分考虑吊物实际重量、汽车吊作业半径及有效吊装高度等因素选择位置，最大吊装高度时的作业半径即为作业幅度。

2. 塔身及横担地面组装

在核对完塔材数量和型号确定与施工图纸一致后，由汽车吊操作人员、项目总工、安全员及作业负责人进行现场的复勘，对汽车吊的位置进行进一步的优化，确定出各段塔身及横担组装的位置。

3. 试吊

汽车吊支腿必须支撑在坚实的地面或钢板上，开始正式吊装前，作业负责人应监督汽车吊进行试吊工作。试吊步骤：将最重段塔材起吊至距离地面10cm处，待确认支腿无下沉后，再进行汽车吊牵引系统及制动装置灵活性、有效性检查，确认正常后方可正式吊装。试吊过程如图3-22所示。

4. 塔身吊点及控制绳绑扎

（1）各塔段吊点绑扎示意图如图3-23～图3-25。

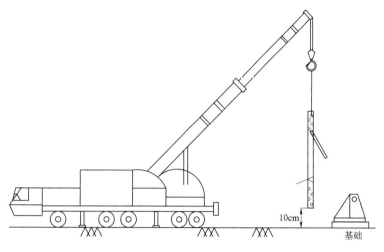

图 3 - 22 试吊示意图

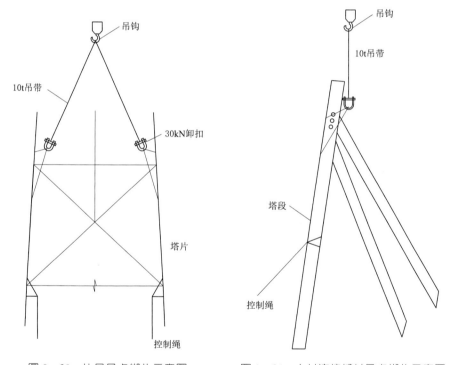

图 3 - 23 片吊吊点绑扎示意图　　图 3 - 24 主材连接辅材吊点绑扎示意图

（2）绑扎构件的主吊绳可使用通过计算的钢丝绳，且钢丝绳的安全系数应不小于
5 倍。

（3）绑扎塔段时应掌握塔段重心位置，绑扎点应高于重心。起吊的钢丝绳长度应
选取适当，两根起吊绳长度应相等，两起吊绳间夹角应不大于 90°。

（4）吊装时需在塔身底端位置上绑上两根白棕绳作为控制绳，用于塔身就位时的

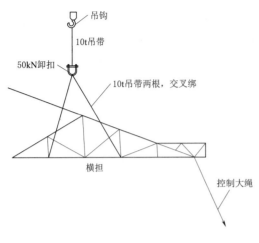

图 3-25 横担吊点绑扎示意图

方向微调，使塔身顺利就位。控制绳的绑扎位置应不影响到塔身就位蹬塔。

5. 起吊

（1）塔身吊装。塔身吊装：根据所选汽车吊参数、现场地形及塔身分段重量，确定工程吊装方式，检查汽车吊支腿及起吊系统情况，若出现异常应立即停止吊装。起吊时，控制绳不得产生下拉力，应处于松弛状态。当塔身到达连接高度时，通过汽车吊就位，并利用控制绳微调，使塔材到达连接点。就位安装时眼孔对正，用尖扳手、钢钎等工具对准连接孔，螺栓必须齐全、紧固。塔身吊装如图 3-26 所示。

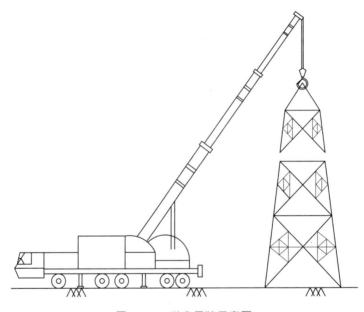

图 3-26 塔身吊装示意图

其他注意事项：塔身吊装时应合理设置吊点，以确保吊件不发生永久变形，必要时采取补强措施。

（2）导、地线横担吊装。本工程各塔型的导、地线横担均采用单独吊装的方式，严禁导、地线横担随塔片同时进行吊装，导、地线横担的吊装顺序为：下导线横担→中导线横担→上导线横担→地线横担。导、地线横担吊装过程中在横担绑扎时应保持横担根部要稍微下沉，吊点的中心应偏向塔身侧。在横担就位时需让横担的上平面主材先进入登塔位置，待上平面大小号侧的主材与塔身连上一个螺栓后，再慢慢放下横担，利用横担自身的重量慢慢下落至横担下平面主材连接点，此时进行横担上下四根主材的连接，完成横担的吊装施工。横担吊装如图 3-27 所示。

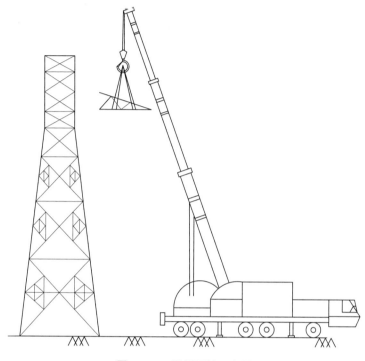

图 3-27　横担吊装示意图

3.3.6　施工要点及工艺标准

3.3.6.1　施工要点

（1）杆塔采用汽车吊分段起吊组装、组立。

（2）起吊钢丝绳应选用相应直径的钢丝绳。

（3）在操作过程中，汽车吊的运作必须协调同步，杜绝违章作业，统一听从指挥，互相配合，注意安全。

（4）作业过程中设安全监护人，尽职尽责监督施工，严禁非施工人员进入作业现场。

（5）起吊过程中应由专业起吊公司派专人进行统一指挥，施工队长负责配合指挥人员的工作，指挥信号应简明、统一，分工应明确，参加起重工作的人员应熟悉起重方案和安全措施。

（6）施工前在施工区域两端放上醒目的"电力施工，车辆慢行"的警示牌。

（7）起重场地应平整，并避开沟、洞或松软土质，起重作业前，应将支腿支在足够厚的衬垫上。

（8）汽车吊的摆放应根据现场实际情况布置站车位置。

（9）在吊件和吊臂活动范围内的下方不得有人过往或停留。

（10）吊件不得长时间悬空停留，如需停留时，操作人员不得离开岗位，并设专人监护，悬空吊件严禁越过人身或汽车吊驾驶室高度。

（11）不得随吊件升降或在悬空的吊件上调整绑扎绳。

（12）起吊速度应缓慢、平稳，不得突然起落。

（13）每组装一段杆段，必须将下段的螺栓或地脚螺栓拧到位后再进行吊装作业。

（14）在起吊过程中，无关人员不得进入施工区域。

（15）雨天过后，土壤水分含量发生变化，导致地面承载力发生变化，在正式吊装前需重新试吊。

3.3.6.2　工艺标准

（1）塔材、螺栓、脚钉及垫片等应有出厂合格证。

（2）塔材无弯曲、脱锌、变形、错孔、磨损。

（3）螺栓的螺纹不应进入剪切面。

（4）螺栓紧固力矩符合规范要求，且上限不宜超过规定值的20％。

（5）自立式转角塔、终端塔应组立在斜平面的基础上，向受力反方向预倾斜，预倾斜符合规定。

（6）杆塔组立后，各相邻主材节点间弯曲度不得超过1/750。

（7）每腿均设置接地孔，接地孔位置应保证接地引下线联板顺利安装。

（8）螺栓穿向应一致美观。螺母拧紧后，螺杆露出螺母的长度：对单螺母，不应小于两个螺距；对双螺母，可与螺母相平。螺栓露扣长度不应超过20mm或10个螺距。

（9）螺栓加垫时，每端不宜超过2个垫圈。

（10）杆塔脚钉安装应齐全，脚蹬侧不得露丝，弯钩朝向应一致向上。

（11）防盗螺栓安装到位，安装高度符合设计要求。防松帽安装齐全。

（12）直线塔结构倾斜率：对一般塔不大于0.24％，对高塔不大于0.12％。耐张塔架线后不向受力侧倾斜。

（13）钢管杆在装卸及运输中，杆端应有保护措施。运至桩位的杆段及构件不应有明显的凹坑、扭曲等变形。

（14）钢管杆连接后，分段及整根电杆的弯曲均不应超过其应有长度的2‰。

（15）直线杆架线后的倾斜不应超过杆高的5‰，转角杆架线后扰度应符合设计规定，超过设计规定时应会同设计单位处理。

3.4 地锚及拉线设置

3.4.1 基础知识及相关规程

3.4.1.1 基础知识

在送电线路施工中,为了固定绞磨、牵张设备、起重滑车组、转向滑轮及各种临时拉线等,都需要临时地锚或临时锚桩。地锚由于锚体埋入地面以下一定深度的土层中而承受上拔力;桩锚由于用锤击或其他施力方法使桩部分沉入土层、部分外露而承受拉力。两者可统称为地锚。

地锚作为临时锚固的工具,在输变电工程施工中应用十分广泛。按照使用部位,可以分为拉线地锚和设备地锚。按照是否开挖,可以分为埋式地锚、重力式地锚、钻锚、锚桩。埋式地锚按照材质,分为:钢板地锚、混凝土地锚、圆木地锚等。地锚的分布及埋设深度应根据地锚的受力情况及土质情况确定。目前线路施工使用较多的是钢板地锚和铁桩地锚如图 3-28 和图 3-29 所示。

图 3-28 钢板地锚

图 3-29 铁桩地锚

拉线一般与地锚结合使用,选用不同规格插接长度满足受力要求的钢丝绳,主要用于杆塔组立外拉线和内拉线、跨越架临时拉线、耐张塔平衡拉线以及绞磨、牵张设备临时锚固等。各个拉线应设专人松紧,各个受力地锚应有专人看护。拉线及地锚在使用前需要进行验收,验收合格后方可使用,并在现场设置验收合格牌。

根据施工经验,现场施工地形较好,承受的拉力较大,需要埋设钢板地锚;山区作业,现场土质较好,一般使用桩锚;水田等土质不好时通常使用地钻钻锚。具体埋设需要结合现场地形、土石质、受力角度等综合计算得出。

3.4.1.2 相关规程

（1）用于组塔或抱杆的临时拉线均应用钢丝绳。组塔用钢丝绳的安全系数、动荷系数及不均衡系数参见《国家电网有限公司电力建设安全工作规程 第 2 部分：线路》（Q/GDW 11957.2—2000）附录 D 中的表 D.1～表 D.3。

（2）锚、钻体强度应满足相连接的绳索的受力要求。

（3）钢制锚、钻体的加强筋或拉环等焊接缝有裂纹或变形时应重新焊接。

（4）木质锚体应使用质地坚硬的木料。发现有虫蛀、腐烂变质者不得使用。

（5）地锚、地钻埋设应专人检查验收，回填土层应逐层夯实。

（6）采用埋土地锚时，地锚绳套引出位置应开挖马道，马道与受力方向应一致。

（7）采用角铁桩或钢管桩时，一组桩的主桩上应控制一根拉绳。

（8）临时地锚应采取避免被雨水浸泡的措施。

（9）地锚埋设应设专人检查验收，回填土层应逐层夯实。

（10）地钻设置处应避开呈软塑及流塑状态的黏性土、淤泥质土、人工填土及有地表水的土质（如水田、沼泽）等不良土质。

（11）地钻埋设时，一般通过静力（人力）旋转方式埋入土中，应尽可能保持锚杆的竖直状态，避免产生晃动，以减少对周围土体的扰动。

（12）不得利用树木或外露岩石等承力大小不明的物体作为受力钢丝绳的地锚。

3.4.2 施工前准备及现场踏勘

在地锚施工前，需要进行现场踏勘，主要针对地锚种类选型、地锚埋设位置、现场交叉跨越、地下附属物等内容进行全面摸排。地锚坑在引出线露出地面的位置，其前面及两侧的 2m 范围内不准有沟、洞、地下管道或地下电缆等。根据现场施工要求，现场实际测量地锚埋设位置距离、拉线角度等需要满足相应规程及受力要求，在现场踏勘记录表上进行详细记录。将所需材料、工具准备到位，场地平整清理完毕，具备施工条件后方可开始施工。

地锚分布和埋设深度应根据其作用和现场的土质设置。弯曲和变形严重的钢质地锚禁止使用。临时拉线应使用钢丝绳，不得使用白棕绳等。固定在同一个临时地锚上的拉线最多不超过两根。地锚拉线设置应遵守下列规定：

（1）组塔应设置临时地锚（含地锚和桩锚），锚体强度应满足相连接的绳索的受力要求。

（2）钢制锚体的加强筋或拉环等焊接缝有裂纹或变形时应重新焊接，木质锚体应使用质地坚硬的木料，发现有虫蛀、腐烂变质者或有严重损伤、纵向裂纹和出现横向裂纹时禁止使用。

（3）采用埋土地锚时，地锚绳套引出位置应开挖马道，马道与受力方向应一致。

（4）采用角铁桩或钢管桩时，一组桩的主桩上应控制一根拉绳。

（5）临时地锚应采取避免被雨水浸泡的措施。

（6）不得利用树木或外露岩石等承力大小不明的物体作为主要受力钢丝绳的地锚。

（7）地锚埋设应设专人检查验收，回填上层应逐层分实。

（8）攀登杆塔作业前，应先检查根部、基础和拉线是否牢固。新立杆塔在杆基未完全牢固或做好临时拉线前，禁止攀登。遇有冲刷、起土、上拔或导/地线、拉线松动的杆塔，应先培土加固，打好临时拉线或支好架杆后，再行登杆。

（9）使用抱杆立、撤杆时，主牵引绳、尾绳、杆塔中心及抱杆顶应在一条直线上。抱杆下部应固定牢固，抱杆顶部应设临时拉线控制，临时拉线应均匀调节并由有经验的人员控制。抱杆应受力均匀，两侧拉绳应拉好，不准左右倾斜。

（10）固定临时拉线时，不准固定在有可能移动的物体或其他不牢固的物体上。

（11）在带电设备附近进行立、撤杆工作，杆塔、拉线与临时拉线应与带电设备保持规程规定所列安全距离，且有防止立、撤杆过程中拉线跳动和杆塔倾斜接近带电导线的措施。

（12）杆塔施工中不宜用临时拉线过夜；需要过夜时，应对临时拉线采取加固措施。检修杆塔不准随意拆除受力构件，如需要拆除时，应事先做好补强措施。调整杆塔倾斜、弯曲、拉线受力不均或迈步、转向时，应根据需要设置临时拉线及其调节范围，并应有专人统一指挥。

（13）用于组塔或抱杆的临时拉线均应用钢丝绳。组塔用钢丝绳应考虑钢丝绳安全系数、动荷系数及不均衡系数等内容。

（14）紧线时，牵引地锚距紧线杆塔的水平距离应满足安全施工要求。地锚布置与受力方向一致，并埋设可靠。紧线时耐张（转角）塔均需打临时拉线，临时拉线要求对地夹角为 $30°\sim45°$，每根架空线必须在沿线路紧线的反方向打一根临时拉线，转角杆在内侧多增设一根临时拉线，临时拉线上端在不影响挂线的情况下，固定位置离挂线点越近越好。

3.4.3 地锚、拉线及工器具选择与分析计算

地锚的受力大小取决于锚体本身强度及埋入土内的容许上拔力，地锚强度允许拉力与地锚材质、形状、受力点固定方式等因素相关。

（1）圆形地锚强度允许拉力计算见表 3-8。

（2）钢板地锚受力计算如图 3-30 和表 3-9、表 3-10 所示。

$$M_{\max}=\frac{1}{2}(l/2-2\varphi)^2q$$

式中　φ——U 型环圆杆截面的直径，cm。

表 3－8   圆形地锚强度允许拉力计算

类别	单点固定的圆形地锚	双点固定的圆形地锚
受力简图	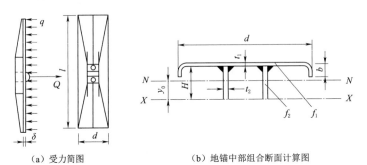	
计算公式	弯曲应力 $\sigma_1 = M_{max}/W \leqslant [\sigma]$ 中心点最大弯矩 $M_{max} = ql^2/8$ 抗弯截面系数 $W = 0.098d^3n$，n 为圆木根数 地锚允许拉力 $Q = nql = 8n[\sigma]W/l$ 圆木地锚 $Q = 0.7854n^2d^3[\sigma]/l$ 钢管地锚 $Q = 0.7854n^2\left(\dfrac{d_w^4 - d_n^4}{d_w}\right)[\sigma]/l$	$\sigma_1 = N/F + M_{max}/W \leqslant [\sigma]$ $M_{max} = qa^2/2$，轴向压力 $N = Q\tan\beta/2$ 圆木 $W = 0.098d^3n$，$F = 0.7854d^2n$（F 为断面面积） 钢管 $W = 0.098(d_w^4 - d_n^4)n/d_w$，$F = 1.5708\delta d_n n$ 圆木 $Q = 1.5708d^3n^2[\sigma]/(d\tan\beta + 8d^2l)$，$\alpha = a/l$ 钢管 $Q = 3.1416(d_w^2 + d_n^2)d_{cp}\delta n^2[\sigma]/[(d_w^2 + d_n^2)\tan\beta + 4\alpha^2ld_w]$
许可应力	圆木 $[\sigma] = 1079\text{N/cm}^2$（10.79MPa）；钢 Q235 $[\sigma] = 13429\text{N/cm}^2$（134.29MPa）	

注 钢 Q235 屈服安全系数按最大工作负载选定为 1.75。

（a）受力简图   （b）地锚中部组合断面计算图

图 3－30   敞开式钢板地锚

$$W = [J_{N1} + 2J_{N2}]/y_0$$

式中 J_{N1}——槽型挡板对组合断面形心轴 N—N 的惯性矩，它与槽型挡板厚度 t_1、

             挡板上下两侧弯边高度 b、立筋板高度 H 和形心距离 y_0 等 4 个参数有

             关，cm^4；

      J_{N2}——单条立筋板对形心轴 N—N 的惯性矩，它与立筋板厚度 t_2、立筋板高

             度 H 和形心距离 y_0 等 3 个参数有关，cm^4；

       y_0——地锚中部组合断面的形心距离（X—X 轴），它与槽型挡板、立筋板的

             面积和形心距离等因素有关。

表 3 - 9　　　　　　　　　　　　　　　敞开式钢板地锚容许拉力

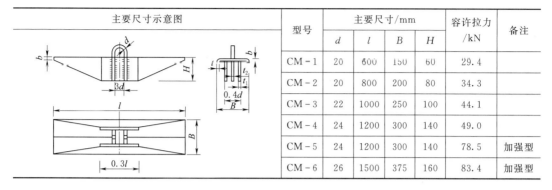

主要尺寸示意图	型号	主要尺寸/mm				容许拉力/kN	备注
		d	l	B	H		
	CM－1	20	600	150	60	29.4	
	CM－2	20	800	200	80	34.3	
	CM－3	22	1000	250	100	44.1	
	CM－4	24	1200	300	140	49.0	
	CM－5	24	1200	300	140	78.5	加强型
	CM－6	26	1500	375	160	83.4	加强型

表 3 - 10　　　　　　　　　　　　　　封闭式钢板地锚容许拉力

主要尺寸示意图	型号	主要尺寸/mm				容许拉力/kN	质量/kg
		d	l	l_1	H		
	FM－1	28	1000	200	180	49.0	18
	FM－2	30	1100	250	200	78.5	20
	FM－3	38	1100	300	230	147.1	23

（3）铁桩地锚计算如下：

按土壤的允许地耐力计算单桩的容许承载力，单桩容许承载力理论计算公式为

$$P \leqslant \frac{\sigma_y b h}{A} \qquad (3-28)$$

式中　P——锚桩允许承载力，kg；

　　　σ_y——土壤的允许耐压力，N/mm²，特坚土为 0.5，坚土为 0.4，次坚土为 0.3，普通土为 0.2；

　　　b——桩体的计算宽度，100mm。取铁桩直径的 2 倍；

　　　h——铁桩入土高度，mm；

　　　A——随 H_1/h 变化系数，见表 3 - 11 所示。

表 3 - 11　　　　　　　　　　　　　　　A 随 H_1/h 的变化

H_1/h	0	0.1	0.2	0.3	0.4
A	5	6	7	8	9

注　H_1 为承力点与地面间的斜距。

当现场采用多桩地锚时，其计算值可以乘以相应的根数，并考虑相应的安全系数。

（4）地钻地锚计算如下：

在软塑的砂土质及水田区，采用地钻地锚可以避免挖地锚的困难，又利用了埋土地锚的优点，提高了地锚抗拔力。地钻由钻杆和钻叶组成，如图 3－31 所示，钻杆用钢 Q235、钻叶用钢 16Mn 制作。地钻型号及额定荷载见表 3－12。

表 3－12　　　　　　　　　　地钻型号及额定荷载

型号	规格尺寸/mm				额定荷载/kN	极限抗拔力/kN	适用土质条件
	钻杆外径	钻杆长度 L	钻叶外径 φ	钻叶钢板厚			
SDZ－1	40	1200	220	5	10	20	砂质土
SDZ－2	40	1700	250	5	30	60	砂质土
SDZ－3	40	1700	250	8	50	100	砂质土

图 3－31　地钻地锚
示意图

3.4.4　施工场地布置

根据现场踏勘结果，对现场施工作业点各个地锚设置点采用硬质围栏或三角旗软围栏围好。如采用小型挖机开挖钢板地锚，需提前准备好进场道路。每个地锚作业点放置地锚验收合格牌。

3.4.5　施工过程

根据现场踏勘结果，选择合适的地锚点、地锚埋深方式及深度，钢板地锚采用小型挖机开挖时，地锚坑应开挖马道，马道宽度应以能放置钢丝绳为宜，不宜太宽。马道坡度应与受力绳方向一致，马道与地面的夹角不应大于 45°。开挖深度应满足计算要求，验收合格后，放置钢板地锚，提前按预定角度埋入钢丝套，分层回填夯实。

如打设铁桩地锚，需要一人或多人采用人工打桩方式进行，打榔头不准戴手套，打桩过程中榔头打出方向不得站人，两人打桩时，应侧位站立，相互照应、相互配合，直至铁桩打入计算深度。梅花桩等多桩施工时，后续桩连接钢丝套规格匹配、长度适宜，同时要注意铁桩对地夹角符合要求。目前施工现场多采用"3 托 2"铁桩，经受力计算能满足现场立塔、紧线等施工要求，使用前需要验收合格。拉线采用双钩进行收紧，收紧后钢丝绳端部用绳卡固定连接时，绳卡压板应在钢丝绳主要受力的一边，不准正反交叉设置；绳卡间距不应小于钢丝绳直径的 6 倍。钢丝绳端部固定用绳卡数量应符合要求。

3.4.6 施工要点及工艺标准

1. 地锚埋设要求

（1）地锚埋设的位置应避开不良地理条件，例如，低注易积水、受力侧前方有陡坎及新填土的地方。

（2）地锚坑应开挖马道，马道宽度应以能放置钢丝绳为宜，不宜太宽。马道坡度应与受力绳方向一致，马道与地面的夹角不应大于45°。

（3）地面坑的坑底，受力侧应掏挖小槽。小槽的深度宜为：全埋土地锚不小于地锚直径的1/2，不埋土或半埋土地锚不小于地锚直径的2/3。

（4）地锚安置坑内后应进行回填土，要求对于坚土地质允许使用不埋土地锚，但坑深应按计算值增加0.2m；对于次坚土和普通土应回填土且应夯实；对于软土及水坑，应先将水排除后再回填土夯实。当地锚受力不满足安全要求时，可以增加地锚坑的深度，或用双根钢管合并使用，或在锚体受力侧增设角铁桩及挡板等，对地锚实施加固。如遇岩石地带需要设置地锚时，应提前开挖地锚坑或者岩石锚筋基础，钢筋的规格视受力大小选择。

2. 角钢桩锚设置要求

（1）角钢桩的规格不宜小于∠75°×8，长度不得小于1.5m，严重弯曲者不得使用。

（2）角钢桩的轴线与地面的夹角（后侧）以60°～70°为宜，不应垂直打入地面，打入深入不得小于1.0m。

（3）角钢桩的位置应避开积水地带及其他不良地质条件。

（4）角钢桩的凹凸口应朝受力侧，钢丝绳在桩上的着力点应紧贴地锚。

（5）当采用双桩或三联桩时，前后相邻桩间用8号铁丝（3～4圈）通过花篮螺栓连接，使用前花篮螺栓应收紧，以保持双桩或三桩同时受力。

（6）角钢桩应当天打入地下，当天使用。隔天使用时，使用前应检查有无雨水浸入，必要时应拔出重打。

3. 铁桩地锚设置要求

铁桩地锚设置要求可参照角钢桩锚设置要求，铁桩地锚与角钢桩锚材质不同，铁桩地锚采用ϕ50mm×1500mm铁桩，根据现场实际，采用单桩或多桩，多桩通过长度适宜的不同规格插接钢丝绳相连接，确保群桩受力。原则上埋设深度不小于1.2m，如遇土石质坚硬，在拉力试验合格后，铁桩地锚埋设深度可减少。该方式目前是立塔、架线施工过程中使用较多的一种地锚。

4. 地钻设置要求

在水田及软土质条件下应使用地钻，当单根地钻受力不满足要求时，可使用多根地钻，地钻入土深度不小于 1.2～1.5m。采用多根地钻时，可以采用五联器等专门连接工具，改善群钻受力情况。

3.5 接地装置安装

3.5.1 基础知识及相关规程

3.5.1.1 基础知识

架空线路杆塔接地对电力系统的安全稳定运行至关重要，降低杆塔接地电阻是提高线路耐雷水平、减少线路雷击跳闸率的主要措施。杆塔接地装置是送电线路的重要组成部分，是接地体和接地引下线的总称。

3.5.1.2 相关规程

（1）成型接地线要求平直、服帖于保护帽上。

（2）接地线应平行于杆塔主材、保护帽及基础立柱边线。

3.5.2 施工准备及施工过程

3.5.2.1 施工工艺流程

施工工艺流程如图 3-32 所示。

图 3-32 施工工艺流程

3.5.2.2 施工准备

（1）施工前由公司对总包施工项目部、总包施工项目部对分包施工项目部及施工班组有关人员进行专项技术交底。

（2）根据接地施工图纸及有关资料了解现场实际情况，掌握设计内容及各项技术要求，熟悉土层地质，以便于土石方开挖施工及有利于槽壁稳定。

（3）对场地上的障碍物进行全面清查，包括施工场地地形、地貌等。

（4）焊接人员应持证上岗。

3.5.2.3 接地沟开挖

（1）接地沟开挖前应先调查清楚塔基下方有无地下电缆或光缆等地下设施，若有应及时与项目部技术部门联系，采取相应措施后才能进行施工。

（2）对设计规定的开挖深度，必须按图纸要求执行。

（3）接地沟开挖前，施工人员必须熟悉被开挖基础的施工图，熟悉开挖的质量要求，按关键工序质量控制卡的内容认真检查填写。

（4）对于土质较差、容易塌方的沟槽应增加放坡系数，防止土方坍塌影响基础施工。

（5）挖坑过程中，如发现其土质与设计不符或坑底发现孔洞古墓、管道等影响地基稳固的情况，应及时汇报项目部，以便及时通过监理与设计取得联系后进行适当的处理。

3.5.2.4　接地体连接

（1）接地体连接应牢固可靠，除设计规定的断开点可用螺栓连接外，其余应用焊接方式连接，材料与接地体匹配。

（2）接地体为镀锌时，焊接连接部位应做防腐处理。

3.5.2.5　接地线埋设

（1）接地引下线的引出方向一般为 A、C 腿从正面引出，B、D 腿从侧面引出。设计有要求时以设计为准。

（2）接地引流板一律加工成双孔。接地引下线和接地体均采用热镀锌处理，接地线焊接必须双面焊接，焊接搭接长度 $6d$（接地线直径）且不小于 100mm，严禁采用点焊的形式。

（3）接地敷设应和基础施工同步进行，即在基础回填土前敷设完毕。

（4）接地体边框与基础立柱的最小距离应大于 100mm。

（5）塔位附近有路、地下电缆、光缆等障碍物时，接地装置射线需朝远离障碍物的方向敷设。

（6）杆塔接地装置与邻近设施接地体接近时，为防止反击，两接地体的最近距离不宜小于 5m。

（7）接地体的敷设属隐蔽工程，在接地体埋土前，应请监理检查验收签证并及时填写接地施工评级记录。

（8）接地装置埋设深度：平地及耕种地区采用 0.8m，山地 0.6m，岩石地区 0.3m，具体以设计图纸为准，敷设在有腐蚀性地区时，应根据腐蚀的性质，增加圆钢截面，并铺垫和换填无腐蚀性黏土。

（9）接地沟回填前，应将接地体安置于沟槽底部，采取防上移的措施。

（10）接地沟槽回填宜选取未掺有石块及其他杂物的泥土回填并应夯实，回填后应筑有防沉层，工程移交时回填土不得低于地面。

3.5.2.6　引下线安装

（1）引下线与杆塔的连接应接触良好。

（2）引下线安装应与杆塔、保护帽服帖、顺直，接地螺栓应上紧，接地线多余部分应挖直埋入地下。

（3）镀锌层破损处应及时喷漆处理。

3.5.3 接地电阻测量

接地电阻测量步骤如图 3-33 所示。

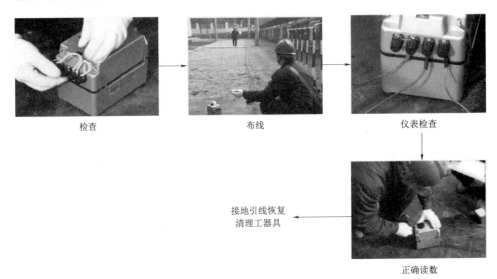

图 3-33 接地电阻测量步骤示意图

接地电阻测量的基本方法有三极法和钳表法。

3.5.3.1 三极法

1. 直线法

直线法测量杆塔工频接地电阻时，用金属导线将断开的各接地极并联，将杆塔接地装置作为整体测量。电压极 P 和电流极 C 分别布置在离杆塔基础边缘 $d_{GC}=4L$ 处和 $d_{GP}=2.5L$ 处，L 为杆塔接地极最大射线的长度，d_{GP} 为接地装置 G 和电压极 P 之间的直线距离，d_{GC} 为接地装置 G 和电流极 C 之间的直线距离。

直线法测量接地电阻接线示意图如图 3-34 所示，各接地极与杆塔解开，用金属导线将断开的各接地极并联，将杆塔接地装置作为整体测量。

2. 夹角法

如果接地装置周围的土壤电阻率较均匀，可以采用电流线和电位线夹角法测试杆塔工频接地电阻，测量时取 $d_{GC}=d_{GP}=2L$，L 为杆塔接地极最大射线的长度。

夹角法测量接地电阻接线示意图如图 3-35 所示，各接地极与杆塔解开，用金属导线将断开的各接地极并联，将杆塔接地装置作为整体测量。

3. 反向远离法

反向远离法测量杆塔工频接地电阻中，电流极和电压极分别布置在杆塔接地装置两侧，电流极 C 与杆塔基础边缘的距离为 d_{GC}，电压极 P 与杆塔基础边缘的距离为

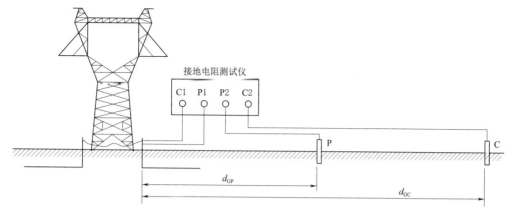

图 3 - 34　直线法测量接地电阻接线示意图

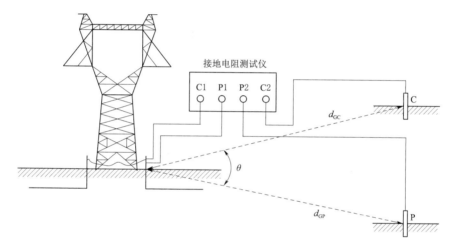

图 3 - 35　夹角法测量接地电阻接线示意图

d_{GP}。反向远离法测量杆塔工频接地电阻时，宜取 $d_{GC}=4L$，$d_{GP}=2.5L$，L 为杆塔接地极最大射线的长度。

　　反向远离法测量接地电阻接线示意图如图 3 - 36 所示，各接地极与杆塔解开，用金属导线将断开的各接地极并联，将杆塔接地装置作为整体测量。

　　4. 三极法测量的注意事项

　　（1）采用三极法测量前，应将杆塔塔身与各接地极之间的电气连接全部断开。

　　（2）测量前应核对被测杆塔的接地极布置型式和最大射线长度，记录杆塔编号、接地极编号、接地极型式、土壤状况和当地气温。布置电流极和电压极时，宜避免将电流极和电压极布置在杆塔接地装置的射线方向上。

　　（3）电流极和电压极的辅助接地电阻不应超过测量仪表规定的范围，否则会使测量误差增大。可以通过将测量电极更深地插入土壤并与土壤接触良好、增加电流极导

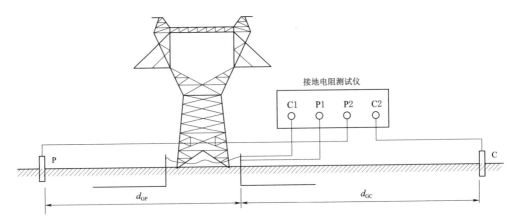

图 3-36　反向远离法测量接地电阻接线示意图

体的根数、给电流极泼水等方式降低电流极的辅助接地电阻。

（4）在工业区或居民区，地下可能具有部分或完全埋地的金属物体，如铁轨、水管或其他工业金属管道，如果测量电极布置不当，地下金属物体可能会影响测量结果。电极应布置在与金属物体垂直的方向上，并且要求最近的测量电极与地下管道之间的距离不小于电极之间的距离。

（5）采用三极法测量杆塔工频接地电阻时，宜采用四端子接地电阻测试仪；若采用三端子接地电阻测试仪，应注意尽量减小接地电阻测试仪 G 端子与接地装置之间的引线长度及接触电阻。

3.5.3.2　钳表法

1. 测量原理

钳表法测量杆塔工频接地电阻原理如图 3-37 所示。

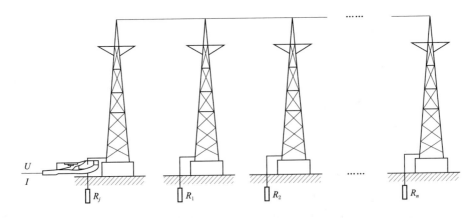

图 3-37　钳表法测量杆塔工频接地电阻原理

R_j—被测杆塔的接地电阻；R_1、R_2、…、R_n—通过避雷线连接的各基杆塔的接地电阻；

U—钳形接地电阻测试仪输出的激励电压；I—钳形接地电阻测试仪感应的回路电流

2．钳表法测量步骤

（1）检查被测杆塔接地线的电气连接状况。测量时应只保留一根接地线与杆塔塔身相连，其余接地线均应与杆塔塔身断开，并用金属导线将断开的其他接地线与被保留的接地线并联，将杆塔接地装置作为整体测量。

（2）测量时打开测试仪钳口，使用钳形接地电阻测试仪钳住被保留的接地线，使接地线居中，尽可能垂直于测试仪钳口所在平面，并保持钳口接触良好，使测试仪工作，读取并记录稳定的读数。

（3）对于有避雷线且多基杆塔避雷线直接接地的架空线路杆塔的接地装置，钳表法增量来自杆塔塔身和本档避雷线电阻、后续（或两侧）各档链形回路等效阻抗中的电阻分量等。

（4）如果与历次钳表法测量结果比较变化不明显，则认为此次钳表法测量结果有效。如果钳表法测量结果远大于历次钳表法测量结果，或者超过了相应的标准或规程中对接地电阻值的规定，则应采用三极法进行对比测量，以判断其原因。

（5）当线路状况改变（如更换避雷线型号及接地方式、线路走向改变等）并影响到被测杆塔邻近的避雷线与杆塔接地回路时，应重新使用钳表法和三极法对受影响杆塔的接地电阻进行对比测量。

（6）测量前，测量人员应使用精密环路电阻对钳形接地电阻测试仪进行自检。测量时应注意保持钳口清洁，防止夹入野草、泥土等影响测量精度，测试仪工作时不允许人直接接触接地装置或杆塔的金属裸露部分。

3.5.4 施工要点及工艺标准

3.5.4.1 施工要点

（1）接地体的规格、埋深不应小于设计规定。

（2）接地体应采用搭接施焊，圆钢的搭接长度不应少于其直径的6倍并应双面施焊；扁钢的搭接长度不应少于其宽度的2倍并应四面施焊。焊缝要平滑饱满。

（3）圆钢采用液压连接时，其接续管的型号与规格应与所连接的圆钢相匹配。接续管的壁厚不得小于3mm，对接长度应为圆钢直径的20倍搭接长度应为圆钢直径的10倍。

（4）接地体敷设前应矫正，不应出现明显弯曲。

（5）现场焊接点应进行防腐处理，防腐范围不应少于连接部位两端各100mm。

（6）杆塔审图时注意接地孔位置，确保接地引下线安装顺利。

（7）接地引下线的规格、焊接长度应符合设计要求。

（8）接地引下线要紧贴塔材和基础及保护帽表面引下，应顺畅、美观。接地板与塔材应接触紧密。

（9）引下线煨弯宜采用煨弯工具，避免在煨弯过程中引下线与基础及保护帽磕碰造成边角破损影响美观。

（10）接地引下线与杆塔的连接螺栓应符合设计要求。

3.5.4.2 工艺标准

（1）接地体连接前应清除连接部位的浮锈，接地体间连接必须可靠。

（2）水平接地体埋设应符合下列规定：

1）遇倾斜地形宜等高线埋设。

2）两接地体间的平行距离不应小于 5m。

3）接地体敷设应平直。

4）对无法按照上述要求埋设的特殊地形，应与设计单位协商解决。

（3）垂直接地体深度应满足设计要求。垂直接地体的间距不宜小于其长度的 2 倍。

（4）接地体的连接部分应采取防腐处理。

（5）架空线路杆塔的每一腿都应与接地体线连接。

（6）接地引下线材料、规格及连接方式要符合规定，要进行热镀锌处理。

（7）接地引下线连板与杆塔的连接应接触良好，接地引下线应平敷于基础及保护帽表面。

（8）接地引下线引出方位与杆塔接地孔位置相对应。接地引下线应平直、美观。

（9）接地引下线与杆塔的连接应接触良好、顺畅、美观，便于运行测量检修。

（10）接地螺栓安装应设放松螺母或放松垫片，宜采用可拆卸的防盗螺栓。

（11）应采用焊接或液压方式连接。当采用搭接焊接时，圆钢的搭接长度不应少于其直径的 6 倍并应双面施焊；扁钢的搭接长度不应少于其宽度的 2 倍并四面施焊。当采用液压连接时，接续管的壁厚不得小于 3mm；对接长度应为圆钢直径的 20 倍，搭接长度应为圆钢直径的 10 倍。接续管的型号与规格应与所连接的圆钢相匹配。

第4章

架 线 施 工

4.1 张力放线

4.1.1 基础知识及相关规程

4.1.1.1 基础知识

1. 张力放线

指用专门的牵、张机械，使被展放的架空线保持一定张力，悬空展放。

2. 张力架线

指用张力放线方法展放导、地线及 OPGW，以及用与张力放线相配合的工艺方法进行紧线、挂线、附件安装等各项作业的整套架线施工方法。其基本特征如下：

（1）导、地线及 OPGW 在展放过程中处于悬空状态。

（2）以施工段为架线施工单元工程，放线、紧线等作业在施工段内进行。

（3）施工段不受耐张区段限制，可以用直线塔、耐张塔作施工段起止塔，在耐张塔、直线塔上直通放线。

（4）可以在直线塔紧线并作直线塔锚线，在耐张塔上作平衡挂线。也可以在耐张塔紧线并挂线。

（5）同相（极）子导线同步展放、同时收紧。

3. 同步展放

指采用两套或两套以上牵张设备组合同时展放同相（极）多分裂导线，在同一放线施工段内，同相（极）子导线到达牵引场时间间隔不宜大于 0.5h。

4. 一牵多

指用一台牵引机经一根牵引绳及一牵多走板与张力机配合牵放多分裂导线的牵放方式。一牵多的牵放方式有一牵二、一牵三、一牵四、一牵六等。

5. 压接牵引头

指用于导、地线或 OPGW 与牵引绳或走板连接的专用液压压接管。

6. 导引绳

指牵放牵引绳的绳索。导引绳由从小到大的一组绳索组成导引绳系，其中，最小的导引绳称为初级导引绳，简称初导绳，可采用飞行器展放或人工铺放；其余的导引绳称为二级、三级导引绳，应采用张力展放。

7. 牵引绳

指直接牵引导线的绳索称为牵引绳。

8. 小牵引机

指在牵放牵引绳过程中起牵引作用的施工机械。小牵引机一般随带可升降的绳索回盘机构。

9. 小张力机

指起控制展放牵引绳张力作用的机械。

10. 主牵引机

指在牵放导线过程中起牵引作用的机械。主牵引机应具有健全的工作机构、控制机构和防护（保安）机构，能在使用地区自然环境下连续工作。主卷筒机构工作应平稳。

11. 主张力机

指在牵放导线过程中对导线施加放线张力的施工机械。

12. 直线松锚升空

指在相邻紧线段的接合处进行接续管压接、拆除导/地线临锚、使导/地线由地面升至空中等作业。

13. 非紧线操作的耐张串导线挂线

指先完成导线在横担施工孔的临锚，在空中或地面压接导线耐张线夹，后连接并安装耐张串。

14. 包络角

指导、地线及 OPGW 在放线滑轮上包络区间所对的圆心角。

15. 连续布线法

指施工段内各相（极）导线均按展放顺序的累计线长使用导线线盘，第一相（极）放完后，线盘上剩余导线接着使用于第二相（极），依此类推，直至放完。

4.1.1.2 相关规程

(1)《110kV～750kV 架空输电线路施工及验收规范》（GB 50233—2014）。

(2)《110kV～750kV 架空输电线路设计规范》（GB 50545—2010）。

(3)《110kV～750kV 架空输电线路施工质量检验及评定规程》（DL/T 5168—2016）。

(4)《110kV～750kV 架空输电线路张力架线施工工艺导则》（DL/T 5343—

2018)。

（5）《电力建设安全工作规程　第2部分：电力线路》（DL 5009.2—2013）。

（6）《跨越电力线路架线施工规程》（DL/T 5106—2017）。

（7）《架空输电线路施工机具基本技术要求》（DL/T 875—2016）。

（8）《输变电工程架空导线（800mm² 以下）及地线液压压接工艺规程》（DL/T 5285—2018）。

（9）《国家电网有限公司电力建设安全工作规程　第2部分：线路》（Q/GDW 11957.2—2020）。

（10）《电力安全工作规程　线路部分》（Q/GDW 1799.2—2013）。

4.1.2　施工前准备及现场踏勘

（1）根据施工图纸及现场实际情况，架线所需导/地线、光缆、金具、绝缘子等材料按计划到场。

（2）按照本工程的架线进度计划安排，计划进场施工班组1个，每个班组人员包括但不限于班长兼指挥、班组安全员、技术兼质检员、牵张机械操作手、导地线压接手等。

（3）放线前应深入现场仔细勘察，特别是查清沿线的交跨情况，按耐张段施工计划与被跨物的主管部门取得联系，对重要的交叉跨越都要搭好跨越架。跨电力线时，应按停电进行联系，并严格执行工作票制度和停送电制度，停送电应设专人负责。如因系统原因无法停电跨越的，则应编制带电跨越的专项方案，经公司批准后实施。

（4）根据现场实际情况编制架线施工方案，并经公司审核、批准后，报监理、业主审查后实施。

4.1.3　牵张机及工器具选择与分析计算

1. 机具准备

机具准备之前，应计算施工段的放线张力及紧线张力、确定张力放线方式，并应根据施工技术要求配备放线机具。施工准备阶段应落实下列主要机具：①主牵引机及钢丝绳卷车；②主张力机及导线线轴架；③小牵引机及钢丝绳卷车；④小张力机及牵引绳轴架；⑤导引绳；⑥牵引绳；⑦牵引板；⑧旋转连接器及抗弯连接器；⑨放线滑车、压线滑车、接地滑车；⑩网套连接器或牵引管；⑪与导/地线、OPGW、牵引绳、导引绳配套的卡线器；⑫导线接续管保护套；⑬液压压接机；⑭流动式起重机。

张力放线机具的配置和使用如下：

（1）张力放线机具应配套使用，成套放线机具的各组成部分应相互匹配。

（2）配套放线机具应与放线方式相适应。

（3）应按所选放线方式，选择性能符合要求的放线机械，并应根据现有机具，经计算分析确定放线方式及配套机具。

（4）同一工程的不同施工段可采用不同的放线方式。

2. 主牵引机额定牵引力的确定

$$P \geqslant m K_{\mathrm{P}} T_{\mathrm{P}} \tag{4-1}$$

式中　P——主牵引机的额定牵引力，N；

　　　　m——同时牵放子导线的根数；

　　　　K_{P}——选择主牵引机额定牵引力的系数，展放钢芯铝绞线时取 0.2～0.3，展放钢芯铝合金绞线时取 0.14～0.2；

　　　　T_{P}——被展放导线的保证计算拉断力，N。

3. 主张力机单根导线额定制动张力计算

$$T = K_{\mathrm{T}} T_{\mathrm{P}} \tag{4-2}$$

式中　T——主张力机单根导线额定制动张力，N；

　　　　K_{T}——选择主张力机单导线额定制动张力的系数，展放钢芯铝绞线时取值范围为 0.14～0.2，展放钢芯铝合金绞线时取 0.09～0.125。

4. 主张力机的导线轮槽底直径要求

根据《110kV～750kV 架空输电线路张力架线施工工艺导则》（DL/T 5343—2018）规定，导线张力放线要求主张力机导线轮槽底直径应满足下列要求：$D \geqslant 40d - 100$；OPGW 光缆张力放线要求主张力机光缆轮槽底直径不应小于光缆直径的 70 倍，且不得小于 1m，即

$$D \geqslant 70d$$

式中　D——主张力机的导线（光缆）轮槽底直径，mm；

　　　　d——被展放导线（光缆）的直径，mm。

同时，张力机槽底直径最小不得小于 1m。

5. 主牵引机卷筒槽底直径

根据《110kV～750kV 架空输电线路张力架线施工工艺导则》（DL/T 5343—2018）规定，主牵引机卷筒槽底直径不应小于牵引绳直径的 25 倍，即

$$D \geqslant 25d = 25 \times 20 \mathrm{mm} = 500 \mathrm{mm}$$

6. 导引绳、牵引绳选择计算

根据《110kV～750kV 架空输电线路张力架线施工工艺导则》（DL/T 5343—2018）规定，牵引绳规格按下式选择

$$Q_{\mathrm{P}} \geqslant m K_{\mathrm{q}} T_{\mathrm{P}} \tag{4-3}$$

式中　Q_{P}——牵引绳综合破断力，N；

　　　　m——同时牵放子导线根数；

K_q——牵引绳规格系数，展放钢芯铝绞线时取 0.6，展放钢芯铝合金绞线时取 0.4；

T_P——被牵放导线保证计算拉断力，N。

导引绳规格按下式选择

$$P_P \geqslant Q_P/4 \tag{4-4}$$

式中　P_P——导引绳综合破断力，N。

7. 放线滑车计算

放线滑车选用应满足以下条件：导线放线滑车的槽底直径应不小于导线直径的 20 倍；光缆放线滑车的槽底直径应不小于光缆直径的 40 倍，且不得小于 500mm。

导线放线滑车的允许荷重 G 应满足（按垂直档距校验）

$$G \geqslant L_v m W_d \tag{4-5}$$

式中　m——一次牵引子导线根数；

　　W_d——导线比载，kg/m；

　　L_v——本塔垂直档距。

8. 主要工器具清单

张力放线见表 4-1。

表 4-1　　　　　　　　　　　张 力 放 线

序号	名　称	规　格	数量	备　注
1	牵引机		1套	
2	张力机		1套	配放线架
3	防扭钢丝绳	□11	10km	
4	防扭钢丝绳	□13	20km	
5	放线滑车	ϕ300	10	
6	放线滑车	ϕ400	50	
7	放线滑车	ϕ660	8	
8	迪尼玛绳	ϕ2	3km	
9	迪尼玛绳	ϕ4	3km	
10	强力丝牵引绳	ϕ10	10km	
11	对讲机		25台	
12	钢丝套	ϕ13	若干	
13	钢丝套	ϕ15	若干	
14	液压机	125t	3台	
15	压模	16、40	各3套	
16	接地滑车		2只	
17	抗弯连接器	5t	20	

序号	名　称	规　格	数量	备　注
18	抗弯连接器	3t	30	
19	释放器	5t	3	
20	释放器	3t	5	
21	牵引网套	适用于导线	3	
22	牵引网套	适用于地线	2	
23	绝缘垫		2块	
24	卸扣	3t	30只	
25	卸扣	5t	20只	
26	地锚桩	1.5m	50根	

4.1.4　施工场地布置及接地线挂设

1. 架线区段的选择

（1）应考虑放线质量要求、设计条件、线路的地形和交通条件、环境条件、技术条件、放线效率等主要因素的影响。

（2）宜采取减少架线施工区段，减少接续管数量，缩短电力线路、铁路、高速公路等跨越施工时间的方案。

（3）架线中有上扬的杆塔时，宜选上扬杆塔作架线段起止塔。

2. 牵引场、张力场的选择

（1）满足下列条件时，可作为牵引场、张力场：

1）牵引机、张力机能直接运达，或道路桥梁稍加修整加固后即可运达。

2）场地地形及面积能满足设备、导线布置及施工操作要求。

3）相邻直线塔允许作过轮临锚，锚线对地角度符合设计要求，且满足锚线及压接导线作业要求。

4）耐张塔、上扬杆塔附近。

（2）有下列情况之一，不宜选作牵引场、张力场：

1）需以直线换位塔或直线转角塔作过轮临锚塔。

2）档内有重要交叉跨越或交叉跨越次数较多。

3）档内不允许导、地线接头。

4）牵引机、张力机进出口仰角大于15°。

5）相邻杆塔不允许临锚。

3. 牵引场、张力场的布置

（1）牵引机、张力机进出口仰角不宜大于15°。

（2）牵引机卷扬轮、张力机导线轮、导线线盘、导引绳及牵引绳卷筒的受力方向应与其轴线垂直。

（3）应按产品技术文件要求对牵引机、张力机、钢丝绳卷车、导线线轴架等进行布置和锚固。

（4）导线线盘、钢丝绳盘的堆放不应影响放线作业。

（5）小牵引机的布置不应影响牵放牵引绳和牵放导线同时作业。

（6）锚线地锚宜布置在接近弧垂最低点。

（7）张力场不宜转向布置。

（8）牵引场、张力场应按规定设置接地。

4. 牵引场转向布置

受地形限制，牵引场布置困难时，可通过单个或多个滑车转向布置。

（1）每一个转向滑车承受的荷载不应超过滑车的允许承载力。

（2）各转向滑车转向角度应相等，单个转向滑车包络角不宜超过30°。

（3）靠近邻塔的第一个转向滑车应接近线路中心线，靠近牵引机的第一个转向滑车应使牵引机受力方向正确。

（4）应使用大轮槽专用高速滑车作为转向滑车，每个转向滑车均应可靠锚固。

（5）多个转向滑车围成的危险区内不得布置其他设备材料，且工作人员不得进入。

5. 牵张场的布置

牵张场的布置如图 4-1 和图 4-2 所示。

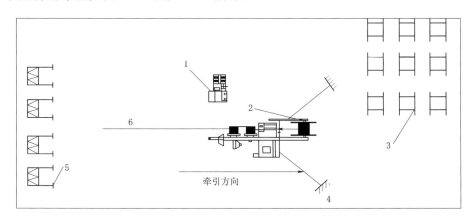

图 4-1 牵引机布置图

1—机动绞磨；2—牵引机；3—牵引绳轴架；4—地锚；5—锚线地锚；6—牵引绳

6. 接地线挂设

在牵张场两侧必须挂设接地滑车，导线展放到位、挂线完成后，必须在挂线杆塔挂设接地线，确保施工地点位于接地线保护范围内。

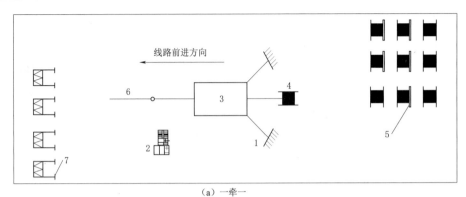

（a）一牵一

1—地锚；2—机动绞磨；3—张力机；4—张力机尾车；
5—导线；6—牵引绳；7—锚线地锚

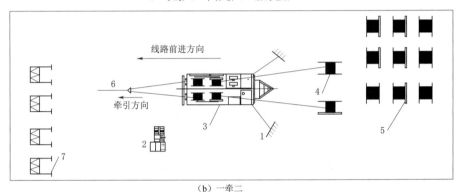

（b）一牵二

1—地锚；2—机动绞磨；3—张力机；4—张力机尾车；
5—导线；6—牵引绳；7—锚线地锚

图4-2 张力场平面布置图

4.1.5 施工过程

4.1.5.1 施工流程

张力架线施工流程如图4-3所示。

4.1.5.2 挂设滑车

1. 直线塔单滑车悬挂方式

直线塔单滑车，结合工程实际，明确是用钢丝套还是用绝缘子（如果用绝缘子，建议不安装均压环，容易损坏）。直线塔单滑车挂设图如图4-4所示。

2. 直线塔双滑车悬挂方式

挂设方法：大小号侧各用绝缘子通过DG-5卸扣挂在EB/LT挂板处，另一头通过DG-5卸扣与放线滑车相连，两滑车之间用两根L75×5×1000角钢硬撑连接。直线塔双滑车挂设图如图4-5所示。

3. 耐张塔单滑车悬挂方式

耐张塔单滑车挂设，采用ϕ17.5mm×2.5m钢丝套对折+DG-5挂设于横担施工挂板处，滑车与钢丝套采用 DG‒5t 卸扣连接。耐张塔单滑车挂设图如图 4‒6 所示。

4. 耐张塔双滑车悬挂方式

耐张塔挂设双滑车，采用 $\phi 17.5\text{mm}\times 2.5\text{m}$ 钢丝套对折＋DG‒5 挂设于横担施工挂板处，滑车与钢丝套采用 DG‒5t 卸扣连接。耐张塔双滑车挂设图如图 4‒7 所示。

5. 初级引绳展放

若工程平地段跨越众多，山地段多处林区，林业保护要求比较高，可简化施工，采用多旋翼无人机进行初级引绳的展放，如图 4‒8 所示。

由多旋翼飞行器展放的初级引绳选用 $\phi 2\text{mm}$ 迪尼玛（Dyneema），初级引绳需整盘绕在转动灵活的专用放线盘上。多旋翼飞行器由于遥控距离较小，仅为 1km 左右，因此尽量按每一档距单独展放。如档距较小可多档一起飞。每次飞行前，需根据飞行档距盘好初级引绳。

多旋翼带绳飞过对侧杆塔后，由塔上人员通知操作员松开绳头，并在塔上临时固定，再与前后档已展放的初级引绳人工打死结连接。

6. 引绳倒换

引绳倒换方式［新建段双回路（一侧）］如图 4‒9 所示。

7. 牵引绳展放

用小牵小张展放，牵引顺序依次为左上、右上、左中、右中、左下、右下，牵引绳引头用 $\phi 14\text{mm}\times 50\text{m}$ 尼龙绳，把牵引绳绕入小张力轮力内，牵引绳与导引绳之间的连接用 50kN 旋转连接器相连。放线区段内，导引绳或牵引绳有上扬塔位，要加装压线滑车，并设专人监护，防止跳槽，压线滑车应装在放线滑车的牵引前侧 3～5m。

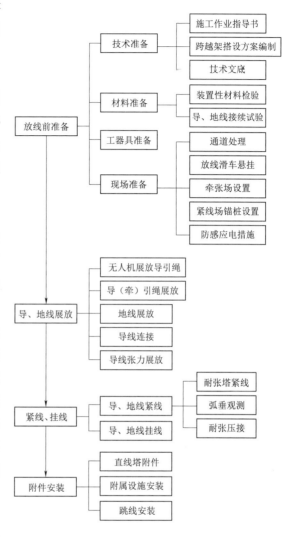

图 4‒3　张力架线施工流程

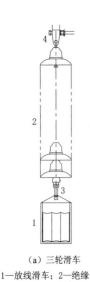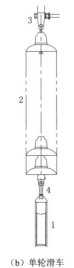

(a) 三轮滑车

1—放线滑车；2—绝缘子；
3、4—卸扣

(b) 单轮滑车

1—放线滑车；2—绝缘子；
3、4—卸扣

图4-4　直线塔单滑车挂设图

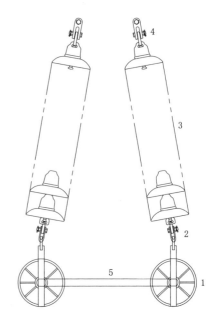

图4-5　直线塔双滑车挂设图

1—放线滑车；2、4—卸扣；3—绝缘子；5—硬撑

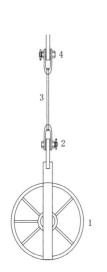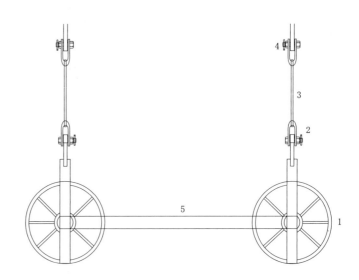

图4-6　耐张塔单滑车挂设图

1—放线滑车；2、4—卸扣；
3—钢丝套

图4-7　耐张塔双滑车挂设图

1—放线滑车；2、4—卸扣；3—钢丝套；
5—硬撑

　　牵引机司机应精神集中，坚守岗位，接到任何施工人员的报警信号均应立即停机，没有接到指挥可以牵引的命令不得牵引。当牵引绳放到张力机前，即在牵张场两端分别将牵引绳临时锚固，并进行大小牵张设备的更替，锚绳张力应能保证牵引绳对地距离大于5m、离跨越架顶部不小于1m。

图 4-8 多旋翼飞行器展放引绳

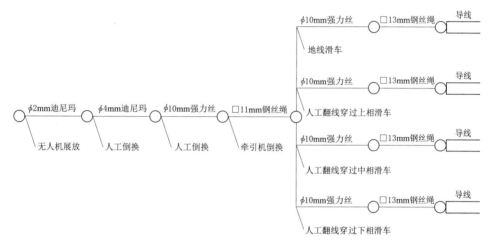

图 4-9 引绳倒换方式

（根据实际架线牵张段情况张力计算，结合其他因素选择牵导引绳和牵引绳）

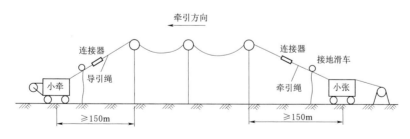

图 4-10 放线段示意图

8. 导、地线展放

（1）主牵引机的操作。将牵引绳缠入大牵引机的牵引轮，缠绕方向是上进上出，左进右出，顺轮槽缠满后，引入牵引绳卷车上固定；开动机具，使牵引绳临锚不受力后停机，挂好接地滑车，拆除临锚，至此具备了牵引条件。

（2）大张力机的操作。按布线计划将导线在导线架车上就位好，线头由线盘上方引出，割齐线头扎好，套好蛇皮套。蛇皮套尾部用 14 号铁线绑扎两道，每道 10～15 匝，两边间距为 100mm。导线在张力轮上的缠绕方向与导线外层铝股的绞捻方向应一致。

（3）导线与牵引绳的连接方式如图 4-11 和图 4-12 所示。

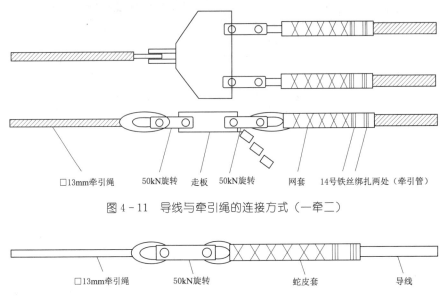

图 4-11　导线与牵引绳的连接方式（一牵二）

图 4-12　导线与牵引绳的连接方式（一牵一）

（4）张力机的放线张力与牵引机的牵引力须按要求数值进行调整，分别调整各子导线的张力，使牵引走板保持水平。牵引过程中，导线张力突然不明原因地大幅度增加，超过 300kg，或直线塔瓷瓶串严重倾斜（超过 30°）时，均视为异常情况，应立即停机，查明原因并经处理后才可继续牵引。导线展放应以中速牵引，速度控制在 60～80m/min 以内。

（5）转角塔直通放线，为防止线绳跳槽，需提前打设预偏拉线。具体杆塔视上扬情况，确定在展放牵引绳、导/地线过程中打设好压线滑车。

4.1.6　工艺标准及施工要点

施工质量标准执行《国家电网公司输变电工程施工工艺管理办法》（国家电网基建〔2011〕1752 号），全面应用"标准工艺"（包括："一、施工工艺示范手册""二、施工工艺示范光盘""三、工艺标准库""四、典型施工方法"），见表 4-2 和表 4-3。

表 4-2　　　　　　　　　　　张力放线质量标准工艺

序号	工 艺 名 称	工 艺 标 准 号	序号	工 艺 名 称	工 艺 标 准 号
1	导、地线展放施工	0202010101	4	导线修补管压接	0202010205
2	导线耐张管压接	0202010201	5	铝包钢绞线耐张管压接	0202010208
3	导线接续管压接	0202010203	6	铝包钢绞线接续管压接	0202010209

表 4-3　　张力放线质量工艺标准及施工要点

工艺编号	工艺名称	工艺标准	施 工 要 点	图片示例
020201010101	导、地线展放施工	(1) 导、地线规格应符合设计要求。 (2) 同一档内连接管与修补管数量每线每盘应符合各有一个，且应满足放线段内无损伤补修管，放线段内无损伤压接档比例大于85%，损伤压接档比例大于90%。 (3) 不同金属、不同规格、不同绞制方向的导线或架空地线严禁在一个耐张段内连接。 (4) 各类管与耐张线夹出口同的距离不应小于15m，接续管或补修管出口与悬垂线夹中心的距离不应小于5m，接续管出口与间隔棒中心距离不宜小于0.5m。 (5) 在不允许接头档内，严禁接续	(1) 导地线展放前应进行检查，确认导、地线厂/地线厂家、规格、材质和纹制方向应相同。同时检查 OPGW 及 ADSS 光缆由厂家进行质的单盘测试记录。架线施工前应由具有资质的检测单位对试件进行连接试验的握着强度试验，试件不得少于3组，并覆盖全部厂家，握着强度不得小于设计使用拉断力的95%。 (2) 光缆放线段长度与光缆盘长应符合各计要求。 (3) 电压等级为220kV及以上线路工程的导线展放应采用张力放线。110kV线路及架空地线应采用张力放线。光缆及良导体架空地线应采用张力放线。 (4) 导线放线滑车底直径不宜小于 20d (d 为导线直径)。导线轮槽底直径不宜小于 15d (d 为相应绞索直径)，地线放线轮槽底直径不宜小于 40d (d 为相应绞索直径)，光纤复合空地线滑车轮槽底直径不宜小于 40d (d 为光缆直径)。且应大于 500mm。 (5) 放线段长度宜控制在 6～8km，且不宜超过 20 个放线滑车。 (6) 展放施工应合理选择张设备及合理控制牵张力，确保导线满足对地及跨越物的安全距离。展放导线的张力机主卷筒底直径 D≥40d-100(mm)(d 为线直径)，张力体架导线卷筒底直径 D≥40d (d 为导线直径)，展放地线的张力机主卷筒底直径 D≥70d (d 为光缆直径)。 (7) 做好运输、展放、紧线、紧线等环节。 (8) 对损伤导线按规范要求进行打磨，补修或重接续。 (9) 合理布线，接头接续管位置，确保施工过程中的防磨措施。 精确控制接续管位置，确保接续管位置满足规范要求。尽量减少接续管数量。 (10) 接续管的保护钢甲应采用一次或同次展放，分次展放时，应采取技术措施解决导线蠕变对导线弧垂的影响，确保过牵引不应超过5天，档距大于800m时应优先安装。 (11) 同相(极)分裂导线宜采用一次或同次展放，分次展放时，应采取技术措施解决导线蠕变对导线弧垂的影响，附件安装时同不应优先安装。 (12) 架线展放完毕后宜及时进行紧线，附件安装完毕放完毕后宜及时进行紧线弧垂的影响	 0202010101 -采用挂胶滑车展放导线 0202010101 -张力展放导线 0202010101 -架线完成的线路

续表

工艺编号	工艺名称	工艺标准	施工要点	图片示例
0202010201	导线耐张管压接	(1) 耐张管、引流板的型号和引流板的角度应符合图纸要求。 (2) 导线的连接部分不得有线股绞制不良、断股、缺股等缺陷。压接后管口附近不得有明显的松股现象。 (3) 铝件的电气接触面应平整光洁。不允许有刺伤或超过板厚及板限偏差的碰伤、划伤、回坑及压痕等缺陷。 (4) 压接后对边距最大值不应超过尺寸推荐值。 (5) 压接后耐张管不应扭曲变形，其弯曲变形应小于耐张管长度的 2%，否则应校直。钢管压校直度不应出现裂纹，否则应进行防腐处理。 (6) 握着强度不小于设计使用的拉断力的 95%	(1) 压接前必须对压接管、液压设备等进行检查，不合格者严禁使用。 (2) 施工操作人员必须经过培训并持有压接操作许可证，作业过程中应有专业人员见证并记录及时原始数据。 (3) 割管印记准确，断口整齐，不得伤及钢芯及钢芯不需切割的铝股，切割处应做好防松股措施。 (4) 穿管前耐张管、引流板应用汽油清洁干净，导线连接部分外层铝股在擦洗后应均匀涂上一层电力复合脂，并用细钢丝刷清刷表面氧化膜，保留电力复合脂后进行连接。 (5) 钢锚环与耐张线夹耐张板的连接方向调整至规定的位置，且二者的中心线在同一平面内。 (6) 导、地线与压接金具在穿管时应设置合适的压接预留长度，以补偿压接后的伸长量。钢芯在穿入钢锚时，应确保钢芯插到钢锚底端。钢锚回凸部位与铝管重合部位应定位标记正确。 (7) 压接过程中，压接模具体应垂直、平稳放置，两侧管相邻两模重叠压接应达到校直，铝管相邻两模重叠压接应不小于 5mm，铝管两模重叠压接棱角应不小于 10mm，有明显弯曲变形时应校直。压接后耐张管如有裂纹应切断重接。 (8) 耐张管、引流板压接后，应去除飞边、毛刺，钢管压接部位应涂以富锌漆，对清除钢芯上都涂以防腐剂的钢管，以防生锈，铝压接管应涂富锌漆。裸露于铝线外的钢芯上都涂以富锌漆。 (9) 压接完成检查合格后，打上操作人员的钢印。压接后铝管应锉成圆弧状，并用 0 号以下细砂纸磨光。用精度不低于 0.02mm 并检定合格的游标卡尺测量后尺寸	 0202010201-导线耐张管压接成品

续表

工艺编号	工艺名称	工艺标准	施工要点	图片示例
0202010203	导线接续管压接	（1）耐张管、引流板的型号应符合图纸要求。 （2）导线的连接部分不得有线股绞制不良、断股、缺股等缺陷。压接后管口附件不得有明显松股现象。 （3）铝件的电气接触面应平整光洁，不允许有毛刺碰伤或超过板厚极限偏差的碰伤、划伤、回坑及压痕等缺陷。 （4）压接后对边距最大值不应超过推荐值尺寸。 （5）压接后耐张管不应扭曲、变形，其弯曲变形应小于耐张管长度的2%，否则应校直，钢管压接后不应出现裂纹处理。 （6）握着强度不小于设计使用拉断力的95%	（1）压接前必须对压接管、液压设备等进行检查，不合格者严禁使用。 （2）施工操作人员必须经过培训并持有压接操作许可证，作业过程中应有专业人员见证并及时记录原始数据。 （3）割线印记准确，断口整齐，不得伤及钢芯及不需切割的铝股，切割处应做好防松股措施。 （4）穿管前接续管应用汽油清洁干净，导线连接部分铝股应擦洗后应涂上一层电力复合脂，并用细钢丝刷清刷表面氧化膜，保留电力复合脂进行连接。 （5）导、地线与接续管具在穿管时应设置合适的压接预留长度，以补偿压接后的伸长度。 （6）当接续钢管使用对穿管时，应在线上画出1/2管长的印记，穿管两端伸出钢芯应使用搭接方式，钢芯两端分别伸出钢管端面10mm。 （7）压接过程中，压接钳的缸体应垂直、平稳放置，两侧铝管相邻两模重叠压接应不小于5mm，钢管相邻两模重叠压接应不小于10mm，液压机压力应达到设计规定。压接后耐张管校直，有明显弯曲变形应校直。压接后耐张管如有裂纹应切断重接。 （8）接续管压接后，应去除飞边、毛刺，钢管压接部位、管后钢管上都涂以富锌漆，以防生锈，铝管接续管压接后铝接续管应校直，对清除钢芯上防腐漆以富锌漆，压后生锈。铝后应用0号以下细砂纸磨光。用精度不低于0.02mm成圆弧状，并用0号以下细砂纸测量压后尺寸。 （9）压接完成检查合格后，并绘定合格的游标卡尺测量压后尺寸。打上操作人员的钢印。	 0202010203 导线接续管压接 0202010203 导线接续管压接成品

续表

工艺编号	工艺名称	工艺标准	施工要点	图片示例
0202010205	导线补修管压接	(1) 补修或预绞丝型号应符合图纸要求。 (2) 根据导线的损伤程度,按规定选用补修管或预绞丝。 (3) 补修管不允许有毛刺或硬伤等缺陷,其长度应能包裹导线损伤的面积。 (4) 补修管压接后应平直、光滑。 (5) 预绞丝的长度应能包裹导线损伤的面积,缠绕长度最短不应小于3个节距	(1) 压接前必须对压接管、液压设备等进行检查,不合格者严禁使用。 (2) 施工操作人员必须经过培训并持有压接操作许可证,作业过程中应有专业人员见证并及时记录原始数据。 (3) 补修管中心应位于损伤最严重处,补修管的两端应超出损伤部位20mm以上。 (4) 补修管压接后应去除飞边、毛刺,锉成圆弧状,并用0号以下细砂纸磨光。 (5) 采用预绞丝补修前,应将受伤处线股处理平整,预绞丝缠绕应与导线接触紧密,要保证两端整齐,缠绕时保持原预绞形状,中心应位于损伤最严重处,并应将损伤部位全部覆盖	0202010205-导线压接补修管成品 0202010205-导线压接补修管成品

续表

工艺编号	工艺名称	工艺标准	施工要点	图片示例
0202010208	铝包钢绞线耐张管压接	（1）耐张管、引流板的型号和引流板的角度应符合设计要求。 （2）连接部分不得有松股绞制不良、断股、缺股等缺陷，压接后管口附近不得有明显的松股现象。 （3）铝件的电气接触面应平整光洁，不允许有毛刺或超过镀锌钢板厚度极限偏差的破伤、划伤、凹坑及压痕等缺陷。热镀锌钢件、镀锌应完好，不得有掉锌发现象。 （4）压接后对边距最大值不应超过尺寸标准值。 （5）压接后耐张管不应扭曲变形，其弯曲变形应小于耐张管长度的2%，否则应校直，钢管压接后应进行防腐处理。 （6）握着强度不小于设计使用拉断力的95%	（1）压接前必须对压接管、液压设备等进行检查，不合格者严禁使用。 （2）施工操作人员必须经过培训并持有压接操作许可证，作业过程中应有专业人员见证并及时记录原始数据。 （3）割线印记准确，断口整齐，切割处应做好防松股措施。 （4）穿管前耐张管、引流管应用汽油清洁干净，铝包钢绞线连接部分外层铝股在擦洗后应均匀地涂上一层电力复合脂，并用细钢丝刷清洁面氧化膜，保留电力复合脂进行连接。 （5）铝包钢绞线与压接金具在穿管时设置合适的压接预留长度，以补偿压接后的伸长量。铝包钢绞线在穿钢锚时，应确保铝包钢绞线碰到钢锚底端。 （6）钢锚环与耐张线夹铝管的连接方向的调整至规定的位置，且二者的中心线在同一平面内。 （7）压接过程中，压接钳的缸体应垂直、平稳放置，两侧铝管相邻两模重叠压接应不小于10mm，液压机压力应达到设计规定。压接后模两模重叠压接应不小于5mm，铝管如有明显弯曲变形时应校直。压接后耐张管如有裂角应顺直、有明显弯曲变形，有明显裂纹应切断重接。 （8）铝管压接完成后，在铝管压接头将前铝衬管安装到位，铝衬管与耐张管头接近平齐，不大于5mm。 （9）铝管涂刷以富锌漆，铝压接管应锉成圆弧状，去除飞边、毛刺，钢管压接部位管涂以锌漆，并用0号以下细砂纸磨光。铝压接管应锉近平齐，不大于5mm。 （10）压接完成检查合格后，打上操作人员的钢印	0202010208－铝包钢绞线耐张管铝管就位 0202010208－铝包钢绞线耐张管压接成品

续表

工艺编号	工艺名称	工艺标准	施工要点	图片示例
0202010209	铝包钢绞线接续管压接	（1）铝包钢绞线接续管型号应符合设计要求。 （2）连接部分不得有线股绞制不良、断股、缺股等缺陷，连接后管口附近不得有明显的松股现象。 （3）铝件的电气接触面应平整、光洁，不允许有毛刺或超过板厚度极限偏差、划伤、凹坑及裂痕等缺陷。热镀锌铝件、镀锌层应完好，不得有掉锌皮现象。 （4）压接后对边距离最大值不应超过推荐值尺寸。 （5）压接后耐张管不应扭曲变形，其弯曲度应小于管长度的2%，否则应校直。钢管压校直后应进行防腐处理。 （6）握着强度不低于设计使用拉断力的95%	（1）压接前必须对压接管、液压设备等进行检查，不合格者严禁使用。 （2）施工操作人员必须经过培训并持有压接操作许可证，作业过程中应有专业人员见证并及时记录原始数据。 （3）割线印记准确，断口整齐，连接后管上画出1/2管长的印记，穿管后确保印记与管口吻合。 （4）当使用对穿管时，应在线上画出上一层电力复合脂措施。 （5）穿管前接续管应用汽油清洁干净，铝包钢绞线连接部分外层铝股在擦洗后应均匀地涂上一层电力复合脂，并用细钢丝刷清刷表面氧化膜，保留电力复合脂面进行连接。 （6）压接过程中，压接钳的缸体应垂直、平稳放置，两侧铝管相邻两模重叠压接应不少于5mm，铝管处于平直状态。压接后铝管变形时应校直。校直后的压接处铝管重叠压模不少于10mm，液压机压力应达到设计规定。压接后铝管如有裂纹应切断重接。 （7）钢管压接完成后，在铝管压接前将两侧铝管推顺直，有明显变形的应切断重接。 （8）接续管端头与铝管压接应近接齐，不大于5mm。铝衬管压接部位管涂以富锌漆，铝接续管压接应锉成弧状，并用0号细砂纸磨光，钢管压接部位管涂以富锌漆。 （9）压接完成检查合格后，在接续管牵引侧操作人员打钢印	 0202010209-地线接续管铝衬管就位 0202010209-地线接续管铝衬管压接成品

4.2 平衡挂线、紧线

4.2.1 基础知识及相关规程

4.2.1.1 基础知识

1. 平衡挂线

指耐张塔进行附件安装时，杆塔大号侧与小号侧两端同时操作，通过互相平衡操作张力进行挂线。

2. 过轮临锚

指拉线通过滑轮锚固架空线的临时措施。

3. 反向临锚

指在架空线张力的反方向的临时锚固措施。

4.2.1.2 相关规程

（1）《110kV～750kV 架空输电线路施工及验收规范》（GB 50233—2014）。

（2）《110kV～750kV 架空输电线路设计规范》（GB 50545—2010）。

（3）《110kV～750kV 架空输电线路施工质量检验及评定规程》（DL/T 5168—2016）。

（4）《110kV～750kV 架空输电线路张力架线施工工艺导则》（DL/T 5343—2018）。

（5）《电力建设安全工作规程 第 2 部分：电力线路》（DL 5009.2—2013）。

（6）《跨越电力线路架线施工规程》（DL/T 5106—2017）。

（7）《架空输电线路施工机具基本技术要求》（DL/T 875—2016）。

（8）《输变电工程架空导线（800mm² 以下）及地线液压压接工艺规程》（DL/T 5285—2018）。

（9）《国家电网有限公司电力建设安全工作规程 第 2 部分：线路》（Q/GDW 11957.2—2020）。

（10）《电力安全工作规程 线路部分》（Q/GDW 1799.2—2013）。

4.2.2 工器具选择与分析计算

平衡挂线、紧线主要工器具清单见表 4-4。

物理性能表见表 4-5。

单位比载表见表 4-6。

根据导、地线机械特性表和架线弧垂表图纸校验所选工器具是否满足需求。

表 4-4　　　　　　　　　　　　　平衡挂线、紧线主要工器具清单

序号	名　　称	规　格	数量	备　　注
1	导线紧线器	$300\sim400mm^2$	16 把	
2	地线紧线器	$70\sim90mm^2$	6 把	
3	机动绞磨	3t	8 台	
4	软梯	4m	10 副	
5	对讲机		25 台	
6	钢丝套	$\phi13mm$	若干	
7	钢丝套	$\phi15mm$	若干	
8	2-2 滑车组	3t 级	4 组	
9	单门滑车	2t 级	6 只	
10	液压机	125t	3 台	
11	钢丝绳	$\phi11mm/\phi13mm$	若干	
12	双钩	3t	30	
13	钢丝网套	适用于 $335mm^2$	6	
14	对接网套	适用于 $335mm^2$	6	
15	葫芦	3t	12	
16	地锚桩		50 根	
17	榔头		5 把	
18	卸扣	3t	10 只	
19	卸扣	5t	10 只	
20	经纬仪		2 台	
21	弧垂观测仪		2 台	
22	塔尺	5m	3 根	
23	卷尺	5m	5 把	
24	弛度板		3 块	
25	温度计		3 支	

表 4-5　　　　　　　　　　　　　JL/G1A-630/45 物理性能表

名　　称	符　号	单　位	数　据
综合截面积	S	mm^2	674.00
外径	d	mm	33.80
综合弹性系数	E	MPa	63000.0
综合膨胀系数	a	$\times10^{-6}1/℃$	20.90
计算拉断力	T_b	N	150450.0
平均运行张力	T_{cp}	N	35731.9（25.00%）
最大使用张力	T_m	N	57171.0
安全系数	K		2.500

注　取最大破坏张力为计算拉断力的 95.00%。

表 4 - 6   单 位 比 载 表

序号	气象条件	覆冰/mm	风速/(m/s)	气温/℃	垂直比载/(N/m)	水平比载/(N/m)	综合比载/(N/m)
1	最低气温	0	0	−10	20.3900	0.0000	20.3900
2	年平均气温	0	0	15	20.3900	0.0000	20.3900
3	最大覆冰	5	10	−5	25.7692	3.2215	25.9697
4	最大风速	0	27	15	20.3900	10.1337	22.7693
5	内过电压	0	15	15	20.3900	3.8455	20.7494
6	外过电压	0	10	15	20.3900	2.2788	20.5169
7	外过无风	0	0	15	20.3900	0.0000	20.3900
8	最高气温	0	0	40	20.3900	0.0000	20.3900
9	安装	0	10	−5	20.3900	2.2788	20.5169

注 1. 临界档距：46.14m。

2. 控制张力为 57171.0N，控制条件为最低气温；控制张力为 35731.9N，控制条件为年平均气温。

3. 离地 10m，设计基本风速为 25m/s，线条风速为 27m/s。

4.2.3 施工场地布置

耐张塔导线画印示意图如图 4 - 13 所示。

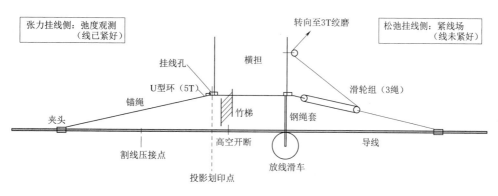

图 4 - 13 耐张塔导线画印示意图

4.2.4 施工过程

1. 紧线

（1）张力放线结束后应尽快紧线。导、地线宜以耐张段作为紧线段、耐张塔作为紧线操作塔。没有断开点的 OPGW 多个耐张段连续紧线时，应由远至近逐段完成各耐张段紧线。

（2）紧线前应完成下列准备工作：

1）检查各子导线在放线滑车中的位置，消除跳槽现象。

2）各子导线不应相互缠绕，当有相互缠绕情况时，应先将各子导线分离后再收紧导线。

3）检查接续管位置应合适，当有不合适时，应处理后再紧线。

4）现场核对弧垂观测档，应设立观测标志。

5）紧线时应保留放线滑车的临时接地，并应检查确认接地良好。

6）单相（极）并列悬挂多个滑车时，应消除直线塔同相（极）放线滑车的高差和迈步现象。

（3）子导线收紧，应符合下列规定：

1）宜先收紧线档中间搭在其他子导线之上的子导线。

2）应对称收紧子导线。

3）宜先收紧弧垂较小的子导线。

4）应考虑风向的作用，并应避免在紧线过程中子导线因风力作用造成相互驮线而绞线。

5）同相（极）子导线应同时收紧，且收紧速度不宜过快。

（4）紧线段紧线弧垂达到设计值后，应保持紧线张力不变，并应在紧线段内所有直线塔上同时画印。在任何情况下 OPGW 的最大紧线张力应满足设计要求。

（5）耐张塔紧线作业，应符合下列规定：当紧线操作塔为中间耐张塔时，紧线前应先将耐张串通过手扳葫芦、锚线绳和卡线器与导线在两侧进行平衡锚接，然后再用紧线牵引系统进行紧线操作，对接（锚接）及紧线操作程序。

1）将耐张串与导线锚接后，应在两侧锚线卡线器之间靠近放线滑车位置处割断导线。

2）用机动绞磨进行预紧线，再用手扳葫芦进行耐张串上锚线和紧线细调。

3）在多联耐张串与导线锚接及紧线过程中，应根据耐张串的结构特点，采取可靠的措施保证耐张串的平衡。

2. 弧垂观测及调整

（1）观测档的选择。

1）紧线段在 5 档及以下时，靠近中间选一档。

2）在 6～12 档之间靠近两端各选一档。

3）在 12 档以上时靠近两端及中间各选一档。

4）弧垂观察档的数量可以根据现场条件适当增减。

5）观测档位置宜均匀布置，相邻两观测档间距不宜超过 4 个线档。

6）观测档应具有代表性，宜选择连续倾斜档的高处和低处、较高悬挂点的前后两侧、相邻紧线段的接合处、重要被跨越物附近的线档。

7）宜选档距较大、悬挂点高差较小的线档。

8）宜选对邻近线档监测范围较大的塔号作为观测站。

9）不宜选邻近转角塔的线档。

（2）弧垂观测方法。

有平行四边形、异长法、档端法、档外法四种。

（3）弧度调整。

1）紧线时，当离紧线操作塔最远的观测档弧度即将达到规定值时，停止牵引。

2）稍停片刻，然后继续慢速牵引其中一根于导线，当这根子导线最远观测档的弧度达到规定值后，其余观测档的弧度势必已小于规定值，缓慢回松牵引绳，使过紧的弧度逐档回松，到最远观测档的导线即将窜动时即可停止架松。

3）稍停片刻，继续缓慢牵引，直到中部观测档的弧度达到规定值，再停片刻，重复操作，到中部观测档导线即将窜动时，停止回松。

4）稍停片刻，继续缓慢牵引，直到最近的观测档的弧度达到规定值，第一根子导线弧度观测即告结束。

5）其他三根导线也按此法操作，同一观测档同相各子导线弧度调整程序应相同，即同为收紧或同为架松时观测弧度。各观测档同时复测弧度，若误差未超过规定要求，即可开始画印。

3．画印

（1）同一紧线段弧垂调整完毕，紧线张力未发生变化时，应在各直线塔上同时画印，印记应准确、清晰。

（2）对于直线塔，可用垂球将横担挂孔中心投影到任一子导线上，应将直角三角板的一个直角边贴紧导线，另一直角边对准投影点，在其他子导线上画印，诸印记点连成的直线应垂直于导线。

（3）对于直线转角塔，应取放线滑车滑轮顶点为画印点，并应使用直角三角板在各子导线上画印。

（4）当紧线操作塔为耐张塔时，应将每根（极）子导线与同序号子导线的金具挂线孔进行比量画印。

4．挂线

（1）以耐张塔紧线操作导线挂线作业程序，应符合下列规定：

1）将耐张串吊装到横担挂孔上。

2）在耐张塔两侧同时对称进行空中锚线，在耐张串的近线端和临锚卡线器间布置滑车组。

3）收紧滑车组，使锚线工具受力，锚线工具间导线逐渐松弛，进行紧线操作。

4）装设空中操作平台：用多点悬挂在空中临锚绳上，为在空中进行耐张线夹压接等作业提供工作面。

5）确认导线上所画印记，断线时计入耐张线夹压接所需扣除的长度。

6）在空中操作平台上压接耐张线夹。

7）将压好的耐张线夹连接到耐张串。

8）卸下空中操作平台，拆除锚线工具。

9）安装其他附件。

（2）非紧线操作的耐张串导线挂线作业（平衡挂线），应符合下列规定：

1）在耐张塔两侧应同时对称（平衡）进行空中锚线，应平衡收紧两侧导线，使两侧锚线卡线器间的导线松弛。并应按下列方法操作：

a．在耐张线夹外适当位置安装锚线卡线器。

b．以横担挂线板上的施工孔为锚线孔，在卡线器与锚线孔间安装卡线器、锚线钢丝绳套、手扳葫芦等锚线工具。

c．两侧同时收紧手扳葫芦，使锚线工具受力，导线逐渐松弛。收紧时应保持操作塔前后对称平衡受力。

d．断线前，在卡线器后侧0.5～1.0m处，用绳索将导线捆绑在锚线绳上，导线松线时不得出现硬弯，断线后，用绳索将导线松下。

2）在两侧锚线卡线器之间割断导线，在空中或地面压接导线耐张线夹。

3）在操作塔两侧以对接法挂线，如图4-14所示。对接法挂线应按下列方法操作：

a．将耐张串吊装到横担挂孔上。

b．在耐张串的近线端和临锚卡线器间布置滑车组。

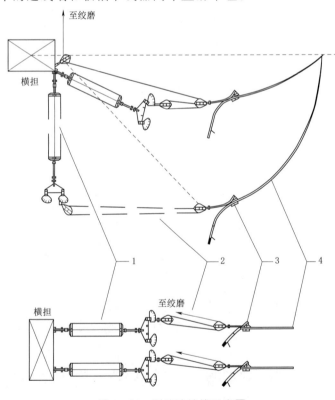

图4-14 对接法挂线示意图
1—绝缘子串；2—滑轮组；3—卡线器；4—导线

c. 收紧滑车组，对接耐张线夹和耐张金具，并应注意采取平衡措施。

4）松开、拆除空中锚线工具，安装其他附件。

（3）耐张塔挂线施工，且耐张段长度小于1500m时，导、地线过牵引不宜超过200mm；当大于1500m时，过牵引不宜超过300mm。过牵引时，导、地线的安全系数不应小于2。

4.2.5 工艺标准及施工要点

施工质量标准执行《国家电网公司输变电工程施工工艺管理办法》（国家电网基建〔2011〕1752号），全面应用"标准工艺"（包括："一、施工工艺示范手册""二、施工工艺示范光盘""三、工艺标准库""四、典型施工方法"），见表4-7和表4-8。

表4-7　　　　　　　　平衡挂线、紧线质量标准工艺

序号	工 艺 名 称	工艺标准号
1	导线弧垂控制	0202010301
2	地线弧垂控制	0202010302
3	导线 I 型悬垂绝缘子串安装	0202010401
4	导线 V 型悬垂绝缘子串安装	0202010402
5	单联导线耐张绝缘子串安装	0202010501
6	多联导线耐张绝缘子串安装	0202010502
7	均压环、屏蔽环安装	0202010601
8	接地型地线悬垂金具安装	0202010702
9	绝缘型地线耐张金具安装	0202010801
10	接地型地线耐张金具安装	0202010802
11	软引流制作	0202010901
12	导线防振锤安装	0202011001
13	地线防振锤安装	0202011002
14	OPGW 弧垂控制	0202011301
15	OPGW 悬垂串安装	0202011401
16	OPGW 接头型耐张串安装	0202011501
17	OPGW 直通型耐张串安装	0202011502
18	OPGW 构架型耐张串安装	0202011503
19	OPGW 防振锤安装	0202011601
20	杆塔 OPGW 引下线安装	0202011701
21	构架 OPGW 引下线安装	0202011702
22	光纤熔接与布线	0202011801
23	接头盒安装	0202011802
24	余缆架安装	0202011901
25	塔位牌安装	0202030101
26	相位标识牌安装	0202030201
27	警示牌安装	0202030301

表 4－8 平衡挂线、紧线质量工艺标准及施工要点

工艺编号	工艺名称	工艺标准	施工要点	图片示例
0202010301	导线弧垂控制	(1) 导线弧垂偏差应符合下列规定： 1) 110kV 线路紧线弧垂在挂线后允许偏差不大于 5%，－2.5%；220kV 及以上线路紧线弧垂在挂线后允许偏差±2.5%。 2) 跨越通航河流的大跨越档弧垂允许偏差不大于±1%，其正偏差不大于 1m。 (2) 各相（极）间的相对偏差最大不应超过下列规定： 1) 档距不大于 800m，110kV 线路相（极）间弧垂允许偏差不大于 200mm，220kV 及以上线路相（极）间弧垂允许偏差值不大于 300mm。 2) 档距大于 800m，110kV 及以上线路相（极）间弧垂允许偏差不大于 500mm。 (3) 同相（极）子导线的弧垂应一致。其相对偏差应符合下列规定： 1) 不安装间隔棒的垂直双分裂导线，同相（极）子导线间的弧垂允许偏差不大于 100mm。 2) 安装间隔棒的其他形式分裂导线同相子导线的弧垂允许偏差应符合下列规定：220kV 及以下线路不得大于 80mm，330kV 及以上的正偏差不得大于 50mm	(1) 导线展放完毕后应及时进行紧线。 (2) 应合理选择观测档。弧垂宜优先选用等长法观测，并用经纬仪观测校核。 (3) 观测弧垂时，应考虑放线方法的不同对导线初伸长的影响。 (4) 同相间子导线应同时收紧，弧垂达标后应逐档进行微调。 (5) 弧垂观测时，温度应在观测档内实测，温度计必须挂在通风背光处。不得暴晒。温度变化达到 5℃时，应及时调整弧垂观测值。 (6) 子导线间弧垂超过允许值时，应作相应调整。 (7) 连续上（下）山坡时的弧垂，应按设计规定的施工弧垂进行观测，并应竣工挂线后随即对该观测档进行检查，符合设计要求。 (8) 导线画印时，各塔宜同时进行。 (9) 紧线弧垂在挂线后应随即对规定的施工弧垂检查。并应竣工挂线后附件后的导、地线进行检查，并符合设计要求。 (10) 架线后应测量导线对被跨越物的净空距离，计入导线蠕变伸长换算到最大弧垂时必须满足安全要求	0202010301 一导线弧垂

续表

工艺编号	工艺名称	工 艺 标 准	施 工 要 点	图片示例
0202010302	地线弧垂控制	(1) 挂线后应随即在观测档检查弧垂，其允许偏差应符合下列规定： 1) 110kV线路允许偏差不大于5%，-2.5%；220kV及以上线路允许偏差不大于±2.5%。 2) 跨越通航河流的大跨越档弧垂允许偏差不大于±1%，其正偏差不大于1m。 (2) 水平排列的同型号地线间的相对偏差最大不应超过下列规定： 1) 档距不大于800m，110kV线路相间弧垂允许偏差值不大于20mm，220kV及以上线路相间弧垂允许偏差值不大于300mm。 2) 档距大于800m，110kV及以上线路相间弧垂允许偏差值不大于500mm	(1) 应合理选择观测档。弧垂宜优先选用等长法观测，并用经纬仪观测校核。 (2) 弧垂观测时，温度应在观测档内实测。温度计必须挂在通风背光处，不得暴晒。温度变化达到5℃时，应及时调整观测弧垂观测值。 (3) 紧线弧垂在挂线后应随即在该观测档进行检查，并符合设计要求。 (4) 当线路上方有电力线时，应测量地线与被穿越导线的净空距离，并符合设计要求。	 0202010302-地线弧垂
0202010401	导线I型悬垂绝缘子串安装	(1) 绝缘子表面好干净。在安装好弹簧销子的情况下，球头不得自碗头中脱出。绝缘子串与端部附件应有明显歪斜。 (2) 绝缘子串上的各种螺栓、穿钉及弹簧销子，除有固定的穿向外，其余穿向应统一。 (3) 各种类型的铝质绞线、安装线夹时应按设计规定在铝股外缠绕铝包带或预绞丝护线条。	(1) 金具、绝缘子安装前应检查，不合格者严禁使用，并进行试组装。 (2) 运输和起吊过程中做好绝缘子的保护工作，尤其是有机复合绝缘子。重点做好起吊过程的防护。 (3) 绝缘子表面重点要擦洗干净，避免损伤，按设计要求加装异色绝缘子。绝缘子安装时应检查球头和碗头连接有可靠的锁紧装置。玻璃（玻璃）绝缘子，瓷（瓷）绝缘子，应备有可靠的锁紧装置。合成绝缘子出线，必须使用软梯，施工人员沿合成绝缘子不得有开裂、脱落、破损等现象。	 0202010401-导线I型悬垂绝缘子串安装成品

续表

工艺编号	工艺名称	工艺标准	施工要点	图片示例
0202010401	导线I型悬垂绝缘子串安装	(4) 绝缘子串与金具连接符合图纸要求，金具表面应无锈蚀、裂纹、气孔、砂眼、飞边等现象。 (5) 悬垂绝缘子串应竖直，顺线路方向与竖直角不应超过5°，且最大偏移值不大于200mm。连续上（下）山坡处杆塔上的悬垂绝缘子串的安装位置应符合设计规定。 (6) 根据设计要求安装均压环、屏蔽环，均压环宜选用对接型式。	(4) 缠绕的铝包带，预绞丝护线条的中心与印记重合，以保证线夹安装位置准确，铝包带顺线股外层绞制方向缠绕，缠绕紧密、露出线夹，并不超过10mm，端头要压在线夹内。预绞丝护线条两端整齐。 (5) 线夹螺栓安装后露扣要一致，螺栓紧固扭矩应符合该产品说明书要求。各子导线线夹同步，避免连接板扭转。 (6) 绝缘子、碗头挂开口及金具螺栓、销钉穿向应符合要求。 (7) 金具上所用开口销和闭口销的直径必须与孔径相配合，且用力适中，开口销和闭口销不应有折断和裂纹等现象，当采用开口销时应对称开口，开口角度应为60°~90°，不得用线材和其他材料代替开口销和闭口销。 (8) 安装附件所用工器具要采取防止导线损伤的措施。 (9) 附件安装及导线弧垂调整后，如绝缘子串倾斜超差，要及时进行调整。 (10) 锁紧销的装配应使用专用工具，以免损坏金属附件的镀锌层。	0202010401 导线I型悬垂绝缘子串安装成品
0202010402	导线V型悬垂绝缘子串安装	(1) 绝缘子表面完好干净。在安装好弹簧销的情况下，球头不得自碗头中脱出。绝缘子串与端部附件不应有明显歪斜。 (2) 绝缘子串上的各种螺栓、穿钉及弹簧销子，除有固定要求的以外，其余穿向应统一。 (3) 球头和碗头连接好后，弹簧销子应备有可靠的锁紧装置。 (4) 各种类型的铝质绞线、安装时应按设计规定在铝股外缠绕铝包带或预绞丝护线条。	(1) 金具、绝缘子安装前应检查，不合格者严禁使用，并进行试组装。 (2) 运输和起吊过程中做好绝缘子的保护工作，尤其是有机复合绝缘子，重点做好运输期间过程的防护。瓷（玻璃）绝缘子表面重点做好起吊过程的防护。 (3) 绝缘子表面应擦洗干净，避免损伤。瓷（玻璃）绝缘子安装时要检查球头和碗头连接的绝缘子，应装有可靠的锁紧销装置。按设计要求加装异型锁紧销。绝缘子出现、施工人员沿合成绝缘子串时，必须使用软梯。合成绝缘子不得有开裂、脱落、破损等现象。	0202010402 导线V型悬垂绝缘子串安装成品

续表

工艺编号	工艺名称	工艺标准	施工要点	图片示例
0202010402	导线V型垂直悬垂绝缘子串安装	(5) 绝缘子串与金具连接符合图纸要求，金具表面应无锈蚀、裂纹、气孔、砂眼、飞边等现象。 (6) 悬垂线夹安装后，绝缘子串应竖直，顺线路方向与竖直位置的偏移角不应超过5°，且最大偏移值大于200mm。连续上（下）山坡处杆塔上的悬垂线夹的安装位置应符合设计规定。 (7) 根据设计要求安装均压环、屏蔽环。均压环宜选用对接装置。	(4) 缠绕的铝包带，预绞丝护线条的中心与印记重合，以保证线夹位置准确。铝包带顺外层线股绞制方向缠绕，缠绕紧密，露出护线条两边绞线股宽度，端头要压在线夹内。预绞丝护线条绞制方向应同绞线，露出线夹不超过10mm，并不超紧整齐。 (5) 线夹螺栓安装符合产品说明书要求。各字导线夹固扭矩应符合该产品说明书要求，避免压板扭转。 (6) 绝缘子、碗头挂板开口及金具螺钉及穿向应符合要求。 (7) 金具上所用开口销和闭口销的直径必须与孔径相配合。且弹力适度，开口销和闭口销不应有折断和裂纹等现象，当采用开口销时应对称开口，开口角度应为60～90°。不得用线材和其他材料代替开口销和闭口销。 (8) 安装附件所用工器具要采取防损伤导线的措施。 (9) 附件安装及导线弧垂调整后，如绝缘子串倾斜超差要及时进行调整。 (10) 锁紧销的装配应使用专用工具，以免损坏金属附件的镀锌层。	 0202010402 一导线V型垂直悬垂绝缘子串安装成品
0202010501	单联导线耐张绝缘子串安装	(1) 绝缘子表面完好干净。在安装好弹簧销的情况下，球头不得自碗头中脱出。绝缘子与端部附件不应有明显的歪斜。 (2) 绝缘子串上的各种螺栓、穿钉及弹簧销，除有固定的穿向外，其余穿向应统一。 (3) 球头和碗头连接应装置。 (4) 绝缘子串与金具连接符合图纸要求，金具表面应无锈蚀、裂纹、气孔、砂眼、飞边等现象	(1) 金具、绝缘子安装前应检查。不合格者严禁使用，并进行试组装。 (2) 对绝缘子串应逐个进行检查，绝缘子表面要擦洗干净，避免损伤，按设计要求加装异色绝缘子。 (3) 金具安装连接要注意检查碗头挂板大口球头与弹簧销子是否匹配。 (4) 绝缘子、碗头挂板开口及金具螺钉及穿向应符合要求。 (5) 金具上所用开口销和闭口销的直径必须与孔径相配合。且弹力适度，开口销和闭口销不应有折断和裂纹等现象，当采用开口销时应对称开口，开口角度应为60～90°。不得用线材和其他材料代替开口销和闭口销，以免损坏金属附件的镀锌层	 0202010501 一单联导线耐张绝缘子串安装成品

续表

工艺编号	工艺名称	工艺标准	施工要点	图片示例
0202010502	多联导线耐张绝缘子串安装	(1) 绝缘子串表面完好干净，在安装好弹簧销子的情况下，球头不得自碗头中脱出。绝缘子端部附件不应有明显歪斜。 (2) 绝缘子串的各种螺栓、穿钉及弹簧销子，除有固定的穿向外，其余穿向应统一。 (3) 球头和碗头与绝缘子串连接应备有可靠的锁紧装置。 (4) 绝缘子串与金具表面应无锈蚀、裂纹、气孔、砂眼、飞边等现象。 (5) 根据设计要求安装均压环、屏蔽环。 (6) 各联绝缘子串受力应均衡	(1) 金具、绝缘子安装前应检查，不合格者严禁使用，并进行试组装。 (2) 对绝缘子串应逐个进行检查。绝缘子表面要擦洗干净，避免损伤。按设计要求加装异色绝缘子。 (3) 金具串连接要注意检查碗口与弹簧销子是否匹配。 (4) 绝缘子、碗头挂板开口及金具螺栓、销钉穿向应符合要求。 (5) 金具上所用开口销和闭口销的直径必须与孔径粗配合，且弹力适度。开口销和闭口销不应有折断和裂纹等现象。当采用开口销其他材料应使用专用工具，不得用线材和其他材料替代，开口角度应为 60°~90°。 (6) 锁紧销的装配应使用专用工具，以免损坏金属附件的镀锌层。 (7) 调整好各绝缘子的补偿距离。 (8) 瓷绝缘子重点做好运输、组装、起吊过程的防护。 (9) 多串耐张串同时起吊时，应做好平衡措施，保证绝缘子及金具在安装过程受力均衡	0202010502–双联导线耐张绝缘子串安装成品 0202010502–三联导线耐张绝缘子串安装成品 0202010502–四联导线耐张绝缘子串安装成品 0202010502–六联导线耐张绝缘子串安装成品

续表

工艺编号	工艺名称	工艺标准	施工要点	图片示例
0202010601	均压环、屏蔽环安装	(1) 均压环、屏蔽环的规格符合设计要求。 (2) 均压环、屏蔽环不得变形，表面光洁、不得有凹凸等损伤。 (3) 均压环、屏蔽环对各部位偏差为±10mm。 (4) 均压环、屏蔽环满足设计要求。绝缘间隙同要求。 (5) 均压环、屏蔽环的开口符合设计要求。均压环应与导线平行，屏蔽环应与导线垂直。	(1) 均压环、屏蔽环安装前应检查，不合格者严禁使用，并进行试组装。 (2) 均压环、屏蔽环运至现场前不得拆除外包装，安装过程采取防磕碰措施。均压环、屏蔽环的安装应在绝缘子串起吊或固定在塔上后进行。 (3) 均压环、屏蔽环外表面有明显凹凸缺陷时，不得放置施工器具。 (4) 均压环、屏蔽环绝缘同要求工具。保证均压环、屏蔽环绝缘同要求。 (5) 均压环、屏蔽环开口及螺栓穿向应符合要求。螺栓紧固扭矩应符合该产品说明书的要求。 (6) 固定环体的支撑杆应有足够的强度。固定的螺栓紧固扭矩应符合该产品说明书的要求。安装时应确保均压环、屏蔽环体的对称部位的距离一致。 (7) 施工验收应逐塔，逐串检查均压环、屏蔽环的外观情况	 0202010601-悬垂串均压环安装成品 0202010601-号线耐张串均压环、屏蔽环安装成品 0202010601-号线耐张串均压环、屏蔽环安装成品

续表

工艺编号	工艺名称	工艺标准	施工要点	图片示例
0202010702	接地型地线悬垂金具安装	(1) 地线悬垂串上的各种螺栓、穿钉及弹簧销子，除有固定穿向外，其余穿向应统一。 (2) 各种类型的铝质绞线、安装线夹时应按设计规定在铝股外缠绕铝包带或预绞丝护线条。 (3) 悬垂线夹安装后，悬垂串应垂直地平面。 (4) 接地引线全部安装位置要统一，接地引线应顺畅、美观。	(1) 金具安装前应检查，不合格者严禁使用，并进行试组装。 (2) 核查所印记在放线滑车中心，并保证金具串垂直地平面。 (3) 如需缠绕铝包带，预绞丝护线条、铝包带、预绞丝护外层应绕与印记重合，以保证线夹位置准确，顺绕缠绕，缠绕紧密，露出护线条、铝包带，两端紧固整齐。 (4) 端头应压在线夹内，如用护线条，螺栓紧固扭矩应不大于10mm。 (5) 各种螺栓、销钉穿向符合要求。 (6) 金具上所用开口销和闭口销必须与孔径相配合，且开口销和闭口销不应有折断和裂纹等现象，当采用开口销时应对称开口，开口角度应为60°~90°，不得用线材和其他地线材料代替开口销和闭口销。 (7) 安装附件所用工器具应采取防损伤地线的措施。 (8) 悬垂串安装及地线弧垂调整后，如金具串倾斜超差，应及时进行调整。 (9) 接地线安装应自然、顺畅、美观，并保证达到相应说明书要求扭，或垂直或水平，紧固扭矩应达到相应说明书要求	0202010702-接地型地线悬垂金具安装成品 0202010702-接地型地线悬垂金具安装成品 0202010801-绝缘型地线耐张金具安装
0202010801	绝缘型地线耐张金具安装	(1) 绝缘子串面好干净、不得有损伤、划痕。 (2) 绝缘子串的各种金具上的螺栓、穿钉及弹簧销子，除有固定穿向外，其余穿向应统一。 (3) 绝缘架空地线放电间隙的安装距离允许偏差不大于±2mm。 (4) 放电间隙安装方向朝上。	(1) 金具安装前应检查，不合格者严禁使用，并进行试组装。 (2) 绝缘子串表面完好、干净、避免损伤、并注意调整好放电间隙。 (3) 各种螺栓、销钉及穿向符合要求。 (4) 金具上所用开口销和闭口销必须与孔径相配合，且开口销和闭口销不应有折断和裂纹等现象，当采用开口销时应对称开口，开口角度为60°~90°，不得用线材和其他地线材料代替开口销和闭口销	

续表

工艺编号	工艺名称	工艺标准	施工要点	图片示例
0202010802	接地型地线耐张金具安装	（1）地线悬垂串上的各种螺栓、穿钉及弹簧销子，除有固定的穿向外，其余穿向应统一。 （2）接地引流线全线安装位置要统一，接地引流线应穿顺畅，美观	（1）金具安装前应检查，不合格者严禁使用，并进行试组装。 （2）各种螺栓、销钉穿向符合该合产品说明书要求。 （3）金具上所用开口销和闭口销必须与孔径相配合，且不应有折断和裂纹等现象。当采用开口销时应对称开口，开口角度应为60~90°，不得用开口销和其他材料代替开口销和闭口销。 （4）铁塔及构架安装接地引线的孔应符合设计要求。	 0202010802-接地型地线耐张金具安装
0202010901	软引流制作	（1）柔性引流线应呈近似悬链状自然下垂。 （2）使用压接引流接头时，中间不应有接头。 （3）引流线不宜从均压环内穿过，并避免与其他部件相摩擦。 （4）铝制引流线连接及并沟线夹接面应平整、光洁。 （5）引流线间应加隔棒（结构面）呈引流线束。 （6）引流线安装后，检查引流线弧垂及引流线塔身的最小间隙，应符合要求。 （7）如采用垂直引流线专用的悬重线束夹，其结构面应满足垂直引流线束	（1）制作引流线的导线应使用未受过力的原状导线。凡有扭曲、松股、磨伤、断股等现象的，均不得使用。 （2）提升、安装引流线过程中应采取防止其扭曲、变形的措施。施工人员安装引流线并上线操作，以确保软引流线流畅美观，分裂导线间距应保持一致。 （3）引流线的走向自然向下垂，美观，呈近似悬链状，应加装小间隔棒固定。 （4）耐张引流线夹与引流线夹连接面的光洁面必须与引流电力复合脂。接触面用汽油或细钢丝刷清除有电力复合脂，再用细钢丝刷清除有电力复合脂，逐个均匀涂该接面螺栓，螺栓穿向应符合规范要求，紧固扭矩应符合该产品说明书要求。 （5）引流线安装完毕后检查电气间隙应满足设计规定。 （6）引流线引流板朗向应使导线的盘曲与安装的引流线弯曲方向方向一致	 0202010901-软跳线安装成品（绕跳） 0202010901-软跳线安装成品（直跳）

续表

工艺编号	工艺名称	工艺标准	施工要点	图片示例
0202011001	导线防振锤安装	（1）导线防振锤与被连接导线应在同一铅垂面内，设计有要求时按设计要求安装。 （2）防振锤安装距离应符合设计要求，其安装距离允许偏差不大于±30mm。 （3）安装防振锤时需加装铝包带。 （4）防振锤分大小头时，大小头及螺栓的穿向应符合图纸要求。	（1）防振锤安装前应检查，不合格者严禁使用。 （2）防振锤要无锈蚀、无污物，锤头与挂板应成一平面。 （3）防振锤在线上应自然下垂，锤头与导线应平行，并与地面垂直。 （4）缠绕铝包带时，铝包带顺外层线股绞制方向缠绕，缠绕紧密，露出夹板不大于10mm，端头应回压在夹板内，设计有要求时按设计要求执行。 （5）安装距离应符合设计规定，螺栓紧固扭矩应符合该产品说明书要求。 （6）防振锤分大小头时，朝向和螺栓穿向应按设计要求。	 0202011001 -导线防振锤安装成品
0202011002	地线防振锤安装	（1）地线防振锤与被接地线连接应在同一铅垂面内，设计有要求时按设计要求安装。 （2）防振锤安装距离应符合设计要求，其安装距离允许偏差不大于±30mm。 （3）安装防振锤时需加装铝包带。 （4）防振锤分大小头时，大小头及螺栓的穿向应符合图纸要求。	（1）防振锤安装前应检查，不合格者严禁使用。 （2）防振锤要无锈蚀、无污物，锤头与挂板应成一平面。 （3）防振锤在线上应自然下垂，锤头与导线应平行，并与地面垂直。 （4）缠绕铝包带时，铝包带顺外层线股绞制方向缠绕，缠绕紧密，露出夹板不大于10mm，端头应回压在夹板内，设计有要求时按设计要求执行。 （5）安装距离应符合设计规定，螺栓紧固扭矩应符合该产品说明书要求。 （6）防振锤分大小头时，朝向和螺栓穿向应按设计要求。	 0202011002 -地线防振锤安装成品

续表

工艺编号	工艺名称	工艺标准	施工要点	图片示例
0202011301	OPGW弧垂控制	（1）紧线弧垂在挂线后应随即在该观测档检查，其允许偏差应符合下列规定： —2.5%；220kV及以上线路允许偏差不大于2%。 2）跨越通航河流的大跨越档弧垂无允许偏差不大于1%，其正偏差不大于1m。 （2）各相间的相对偏差最大不应超过下列规定： 1）档距不大于800m、110kV线路相间弧垂允许偏差不大于200mm，220kV及以上线路相间弧垂允许偏差不大于300mm。 2）档距大于800m、110kV及以上线路相间弧垂允许偏差不大于500mm。 （3）当被越电力线时，在被穿越导线最大弧垂状态下，OPGW对被穿越线的净空距离应符合规程规定。 （4）挂线时对弧立档较小的耐张段及大跨越耐张段等的过牵引长度不得超过设计值。	（1）OPGW展放完毕后应及时进行紧线、紧线滑车轮半径应满足OPGW弯曲半径的要求。 （2）OPGW紧线时应使用OPGW专用夹具或耐张预绞丝。耐张预绞丝重复使用不得超过两次。弧垂宜优先选用等长法法观测，并用经纬仪观测校核。 （3）应合理选择观测档。 （4）弧垂观测时，温度应在观测档内实测，温度计必须挂在通风背阴处，不得暴晒。温度变化达到5℃时，应及时调整观测值。 （5）紧线弧垂在挂线后应随即在该观测档进行检查，并符合设计要求。 （6）当线路上方有电力线时，应测量OPGW与被穿越导线的净空距离，并符合设计要求。	0202011301 - OPGW弧垂
0202011401	OPGW悬垂串安装	（1）金具串上的各种螺栓、穿钉，除有固定的穿向外，其余穿向应统一。 （2）悬垂线夹安装后，应垂直地平面，顺线路方向位移角不得大于5°，且偏移量不得超过80mm。连续上、下山坡处布弧垂线夹的安装位置应符合规定。	（1）金具安装前应检查，不合格者严禁使用，并进行试组装。 （2）在紧线完后48h内完成附件安装。 （3）在放线滑车中心进行画印，保证金具串垂直地平面。 （4）提线时与OPGW接触的工具应包橡胶或缠绕铝包带，不得以硬质工具接触OPGW表面。	0202011401 - OPGW悬垂串安装成品

续表

工艺编号	工艺名称	工艺标准	施工要点	图片示例
0202011401	OPGW悬垂串安装	(3) 接地引线全线安装位置要统一，接地引线应顺畅、美观	(5) 护线条中心应与印记重合，护线条缠绕应保证两端整齐，缠绕方向应与外层线股的绞制方向一致，并保持原预绞形状。 (6) 各种螺栓、销钉穿向应符合该产品说明书要求。 (7) 金具上所用开口销和闭口销的直径必须与孔径等相配合。开口销和闭口销时应对称开口，开口角度应为60°～90°，不得采用线材和其他材料代替开口销和闭口销。 (8) 附件安装及OPGW弧垂调整后，如金具串倾斜超差，应及时进行调整。 (9) OPGW引下线应自然引出，引线自然顺畅、接地并差，接地夹方向不得偏扭，或垂直或水平。 (10) 铁塔及构架安装接地引线的孔应符合设计要求。	0202011401 - OPGW悬垂串安装成品
0202011501	OPGW接头型耐张串安装	(1) 采用预绞丝式耐张线夹。 (2) 金具固定的各种螺栓、穿钉、除有固定的穿向外，其余穿向应统一。 (3) OPGW引下线要自然、顺畅、美观。 (4) 接地引线应自然、顺畅、美观，接地引线全线安装位置要统一，接地引线应顺畅	(1) 金具安装前应检查，不合格者严禁使用，并进行试组装。 (2) 缠绕预绞丝时应保证两端整齐，缠绕方向应与外层线股的绞制方向一致，并保持原纹形状。 (3) 各种螺栓、销钉穿向应符合该产品说明书要求。 (4) 金具上所用开口销和闭口销的直径必须与孔径等相配合。开口销和闭口销时应对称开口，开口角度应为60°～90°，不得采用线材和其他材料代替开口销和闭口销。 (5) OPGW引下线及接地线应自然引出，引线自然顺畅、接地并差，接地夹沟线方向不得偏扭，或垂直水平。 (6) OPGW耐张预绞丝重复使用不得超过两次	0202011501 - OPGW耐张串安装成品（接头型）

续表

工艺编号	工艺名称	工艺标准	施工要点	图片示例
0202011502	OPGW直通型耐张串安装	（1）采用预绞丝式耐张线夹。 （2）金具串上的各种螺栓、穿钉及弹簧销子，除有固定的穿向外，其余穿向应统一。 （3）OPGW小弧垂应近似为链状，弧垂不宜太大。 （4）接地引线全线安装位置统一，接地引线要自然、顺畅、美观。	（1）金具安装前应检查，不合格者严禁使用，并进行试组装。 （2）缠绕预绞丝时应保证两端整齐，缠绕方向应与外层线股的绞制方向一致，并保持原预绞形状。 （3）各种螺栓、销钉应符合该产品说明书要求。 （4）金具上所用开口销和闭口销的直径必须与孔径相配合。开口销和闭口销不应有折断和裂纹等现象，当采用开口销时应对称开口，开口角度应为60～90°，不得用线材和其他材料代替开口销和闭口销。 （5）OPGW引下线应顺畅呈近似悬链状、弧垂符合要求。 （6）接地引线自然顺畅，接地并沟线夹方向不得偏扭，或垂直或水平。 （7）OPGW耐张预绞丝复使用不得超过两次。	 0202011502-OPGW耐张串（直通型）安装成品
0202011503	OPGW构架型耐张串安装	（1）绝缘子表面完好、干净。 （2）采用预绞丝式耐张线夹。 （3）金具串上的各种螺栓、穿钉及弹簧销子，除有固定的穿向外，其余穿向应统一。 （4）OPGW引下线要自然、顺畅、美观。 （5）绝缘架空地线放电间隙的安装距离允许偏差不大于±2mm。 （6）放电间隙安装方向朝上。	（1）金具安装前应检查，不合格者严禁使用，并进行试组装。 （2）绝缘子表面应擦洗干净、避免损伤，并注意调整好放电间隙。 （3）缠绕预绞丝时应保证两端整齐，缠绕方向应与外层线股的绞制方向一致，并保持原预绞形状。 （4）各种螺栓、销钉应符合该产品说明书要求。 （5）金具上所用开口销和闭口销的直径必须与孔径相配合。开口销和闭口销不应有折断和裂纹等现象，当采用开口销时应对称开口，开口角度应为60～90°，不得用线材和其他材料代替开口销和闭口销。 （6）OPGW引下线应自然、顺畅。 （7）OPGW耐张预绞丝复使用不得超过两次。	 0202011503-OPGW耐张串（构架型）安装成品

续表

工艺编号	工艺名称	工艺标准	施工要点	图片示例
0202011601	OPGW防振锤安装	（1）OPGW防振锤与OPGW应在同一铅垂面内，设计有要求时按设计要求安装。 （2）防振锤安装距离符合要求，其安装距离允许偏差不大于±30mm。 （3）安装OPGW引下线上的防振锤需加装预绞丝。 （4）防振锤分大小头时，大小头装向应符合图纸要求。	（1）防振锤、预绞丝安装前应检查，不合格者严禁使用。 （2）防振锤要无锈蚀、无污物，锤头与挂板要成一平面。 （3）防振锤在线上要自然下垂，锤头与线要平行。 （4）缠绕预绞丝时应保证两端整齐，预绞丝中心点与防振锤中心点应一致，并保持原预绞丝形状，预绞丝缠绕导线时应采取防护措施防止预绞丝头在缠绕过程中磕碰损伤导线。 （5）安装距离应符合设计规定，螺栓紧固扭矩应符合该产品说明书要求。	0202011601－OPGW防振锤安装
0202011701	杆塔OPGW引下线安装	（1）OPGW引下线应从杆塔主材内侧引下，弯曲半径应不小于40倍光缆直径。 （2）OPGW引下线用夹具固定在塔材上，其间距为1.5～2m。 （3）OPGW引下线的安装应保证引下线顺直、圆滑，不得有硬弯折角	（1）OPGW引下线安装时严禁抛掷。 （2）OPGW引下线要自上而下安装，线夹固定在突出部位，不得使余缆线与角铁发生摩擦、碰撞。安装距离在1.5～2m范围之内。 （3）OPGW引下线要自然顺畅，两固定线夹之间的引下线要拉紧。	0202011701－杆塔OPGW引下线安装

续表

工艺编号	工艺名称	工艺标准	施 工 要 点	图片示例
0202011702	架构OPGW引下线安装	(1) OPGW引下线应沿架构引下，OPGW的弯曲半径应不小于40倍光缆直径。 (2) OPGW引下线用夹具安装间距为1.5～2m。 (3) OPGW引下线夹具的安装，应保证引下线顺直、圆滑，不得有硬弯折角。 (4) 采用绝缘夹具保证OPGW与架构绝缘。 (5) 终端接续盒安装高度应符合设计要求。安装固定可靠，无松动、防水密封措施良好	(1) OPGW引下线安装时严禁抛扔。 (2) OPGW引下线型号要符合设计要求。 (3) OPGW引下线夹具要自上而下安装。安装距离在1.5～2m范围之内。 (4) OPGW引下线应自然顺畅，两夹具间的引下线要拉紧。 (5) OPGW余缆线与接线盒以下的进场光缆（沟道缆）同一余缆架安装固定。 (6) 安装位置应符合要求，螺栓紧固组扭矩应符合该产品说明书要求	0202011702-架构OPGW引下线安装
0202011801	光纤熔接与布线	(1) 剥离光纤的外层套管、骨架时不得损伤光纤。 (2) 接线盒内应无潮气或水分进入，安装接线盒紧固螺栓应紧进，橡皮封条安装到位。 (3) 光纤熔接后应进行接头光纤衰减值测试，不合格者应重接。 (4) 雨天、大风、沙尘等恶劣天气或空气湿度过大时不应熔接	(1) 附件安装后，当不能立即接头时，光纤端头应做密封处理。 (2) 光缆熔接应由专业人员操作。 (3) 熔纤盘内接续光纤单端盘留量不少于500mm，弯曲半径不小于30mm。 (4) 光纤要对色熔接、排列整齐。光纤连接线用活扣扎带绑扎、松紧适度。 (5) 接头盒内应采取防潮措施，防水密封良好	0202011801-光纤熔接与布线

续表

工艺编号	工艺名称	工艺标准	施 工 要 点	图片示例
0202011802	接头盒安装	（1）OPGW 接线盒安装在杆塔适合的位置，安装高度宜 8～10m，全线安装位置要统一。 （2）接线盒应符合设计要求，安装固定可靠、无松动，防水密封措施良好。 （3）接线盒进出线要顺畅、圆滑，弯曲半径应不小于 40 倍光缆直径	（1）安装位置应符合要求，螺栓紧固扭矩应符合该产品说明书要求。 （2）进出线应顺畅自然，弯曲半径符合要求	 0202011802－接头盒安装成品
0202011901	余缆架安装	（1）余缆紧密缠绕在余缆架上。 （2）余缆架用专用夹具固定在杆塔内侧的适当位置	（1）余缆盘绕整齐有序，不得交叉和扭曲受力，捆绑点不少于 4 处，每条光缆盘留量应不小于光缆放至地面加 5m。 （2）在合适的位置将余缆架固定好，余缆架以外的引线用引下线夹固定好，防止产生风吹摆动现象	 0202011901－余缆架安装

续表

工艺编号	工艺名称	工艺标准	施工要点	图片示例
0202030101	塔位牌安装	（1）塔位牌的样式与规格应符合国家电网有限公司的相关规定。 （2）塔位牌安装在线路塔小号侧的醒目位置，安装位置尽量避开脚钉。对同一工程，距地面的高度应统一	采用螺栓固定，牢固可靠	0202030101-塔位牌安装
0202030201	相位标识牌安装	（1）相位标识牌的样式与规格应符合国家电网有限公司的相关规定。 （2）安装在导线挂点附近的醒目位置	采用螺栓固定，牢固可靠	0202030201-相位标识牌安装
0202030301	警示牌安装	（1）警示牌的样式与规格应符合国家电网有限公司的相关规定。 （2）对同一工程，警示牌距地面的高度应统一	采用螺栓固定，牢固可靠	0202030301-警示牌安装

4.3 弧垂观测

4.3.1 概述

高压送电线路弧垂观测在送电线路施工中是一项技术性很强的工作，对于线路施工和安全运行至关重要，准确的、符合设计要求的线路弧垂能够保证导线对地、对交叉跨越物保持足够的安全距离，同时避免由于弧垂过小、杆塔受力过大而引起倒塔断线事故的发生。而且，弧垂值如超差，返工处理工作十分困难。因此，对弧垂进行观测、检查和调整，是线路施工中最为重要的一部分。

架空线路导、地线弧垂观测的方法包括等长观测法、异长观测法、角度观测法及档侧观测法。在实际操作中，为操作简便，不受档距、悬挂点高差在测量时所引起的影响，减少观测时的现场计算量及掌握弧垂的实际误差范围，应首先选用等长观测法和异长观测法。当现场客观条件受到限制，不能采用异长观测法和等长观测法观测时，可选用角度观测法及档侧观测法。

4.3.2 弧垂观测档的选择

在连续档中，为了使整个耐张段内各个档的弧垂达到平衡，须根据连续档内的档数多少决定弧垂观测档的档数。

对观测档的选择要求如下：

(1) 耐张段在 5 档及以下档数时，需选择靠近中间的一档作为观测档。

(2) 耐张段在 6～12 档时，靠近耐张段的两端各选一档作为观测档。

(3) 耐张段在 12 档以上时，靠近耐张段两端和中间各选一档作为观测档。

(4) 观测档的数量根据线长条件可以适当增加，但不得减少。

(5) 观测档应选在档距较大和悬挂点高差较小及接近代表档距的线档。

4.3.3 弧垂观测方法

4.3.3.1 等长观测法

等长观测法又称平行四边形法，在观测档的 2 基的杆塔上绑上弧垂板，然后利用三点一线原理测弧垂。当塔高大于 f 且两个塔的视线通视时，自电线的悬挂点各向下量 f 处设置色彩鲜明的标志样板，用目视或者望远镜从样板 1 看向样板 2（或者从样板 2 看向样板 1），则电线与 1、2 连线的相切的弧垂即为 f。

如图 4-15 所示，观测档弧垂计算公式为

$$f = f_D \left(\frac{l}{l_D} \right)^2 \tag{4-6}$$

式中 f ——观测档弧垂；

$\qquad f_D$ ——代表档距中点弧垂；

$\qquad l$ ——观测档档距；

$\qquad l_D$ ——耐张段代表档距。

（1）等长观测法观测弧垂的使用范围：仅适用于平地或丘陵地带，观测档相对高差及档距较小且导、地线弧垂不大于全塔高度 2/3 的观测档选用。

（2）等长观测法观测弧垂的仪器推荐使用可固定的弧垂观测仪。

（3）等长观测法观测弧垂的操作步骤：

1）根据观测档计算弧垂值，施工人员在观测档的任意一侧杆塔上绑扎弧垂观测板（从导、地线挂点处开始量取至观测档计算弧垂值），弧垂观测人员在另一侧杆塔上以同样的方式量取计算观测弧垂值并安装好弧垂观测仪器。

2）观测中，当导、地线紧线弧垂与观测仪的十字丝和弧垂板上平面完全相切时，则为计算观测弧垂值，随即通知施工人员停止收紧和放松导、地线并画印。

3）若弧垂板绑扎时的温度与实际弧垂观测时的温度不小于±5℃，应根据规范要求、按设计图纸提供的数据（已考虑的初伸长平均数值）对观测档两侧观测点的位置同时进行调整。

4.3.3.2　异长观测法

（1）如图 4-16 所示，观测档弧垂计算公式同等长观测法。

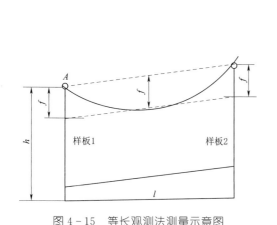

图 4-15　等长观测法测量示意图

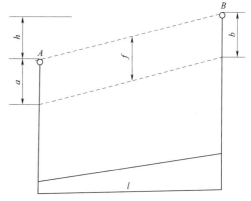

图 4-16　异长观测法测量示意图

（2）观测档 b 值计算公式为

$$b=(2\sqrt{f}-\sqrt{a})^2 \qquad (4-7)$$

（3）异长观测法观测弧垂的使用范围：适用于平地、丘陵或海拔较低的山区地带及观测档相对高差小于 $10\%L$ 且导、地线弧垂不大于全塔高度 2/3 的观测档选用。

（4）异长观测法观测弧垂的仪器推荐使用可固定的弧垂观测仪。

（5）异长观测法观测弧垂的操作步骤：

1）首先在观测档海拔较低的一侧杆塔上选定 a 值（尽量接近于观测档计算弧垂值）并根据选定的 a 值（首选身段水平叉铁或两副大斜叉铁的螺栓连接部位）计算出相应的 b 值（即弧垂观测仪的观测位置）。

2）观测时当导、地线紧线弧垂与观测仪的十字丝和选定的 a 值完全相切时则为计算观测弧垂值，随即通知施工人员停止收紧和放松导、地线并画印。

3）若紧线前弧垂观测仪固定时的温度与实际弧垂观测时的温度不小于 $\pm5℃$，应根据规范要求、按设计图纸提供的数据（已考虑的初伸长平均数值）仅对观测档 b 值的位置进行调整，选定的 a 值为固定点无须进行调整。

4.3.3.3　角度观测法

由于在山地与高山大岭架线，其电线必然会形成大档距、高海拔，因此测量工作量大，其主要检测线路架线弧垂的方法为角度观测法。

1. 档端角度法

档端角度法是典型的测量弧垂方法，如图 4-17 所示。将经纬仪安置于导线悬点的正下方 A 点处（档端），量出仪器高度，调整望远镜视线令其与导线相切，读出此时的竖直角 θ_1，继续抬高望远镜的视线，瞄准 B 杆塔导线的悬点处，读出此时的竖直角 θ_2。则档端角度法检测弧垂的计算公式为

$$f=\frac{(\sqrt{a}+\sqrt{b})^2}{4}=\frac{[\sqrt{a}+\sqrt{l(\tan\theta_2-\tan\theta_1)}]^2}{4} \tag{4-8}$$

当经纬仪测出的 θ_1、θ_2 角为仰角时，应当取"$+$"值代入；当为俯角时，应当取"$-$"值代入。档端角度法经纬仪望远镜的切线角 θ_1 应符合：$-10°\leqslant\theta_1\leqslant+10°$，如检查弧垂时 θ_1 角超出上述范围，那么测量的结果将存在较大误差。架线工程竣工后，对导、地线的弛度要进行检查，可选择档端角度法。

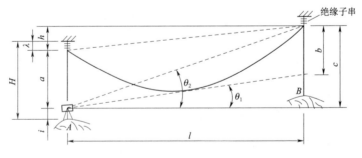

图 4-17　档端角度法检查弧垂

2. 档内角度法

当有大跨越档距时，假如用档端角度法（经纬仪安置在 A 点）进行该档弧垂的检查，切线角 θ_1 将小于 $-10°$，误差较大，不符合规程规定，所以不能用档端角度法

进行该类档距的弧垂检查。但是，如果将经纬仪观测点移到档柜内检测，则可减小观测视线的斜率，使 θ_1 尽量接近 $0°$，提高弧垂检查结果的精确度。因为此种检查弧垂的观测点是在档距内，所以命名为档内角度法。

如图 4-18 所示，首先，选择档内的适当位置 C 点作为经纬仪的安置点（目测尽量使经纬仪的视线与导线的切线角 $|\theta_1|\leqslant5°$），将 C 点山坡稍铲平，然后将经纬仪安置在导线的正下方，量出仪器高度 i，测出 C 点到 B 杆塔间的水平距离 l_1，调节望远镜视线使其与导线悬挂曲线相切，读出此时的竖直角 θ；最后，抬高望远镜视线瞄准 B 杆塔悬点，读出此时的竖直角 θ_2，则弧垂检查完毕。

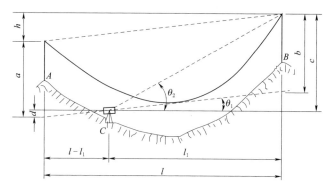

图 4-18　档内角度法检查弧垂
c—望远镜转轴处的水平线到对侧杆塔架空线悬点的垂直距离；d—望远镜视线的延长线与近侧杆塔导线悬点铅垂线的交点到望远镜转轴处水平线间的垂直距离

档内角度法检测弧垂的计算公式为

$$f=\frac{(\sqrt{a}+\sqrt{b})^2}{4}=\frac{[\sqrt{l_1(\tan\theta_2-\tan\theta_1)+l\tan\theta_1-h}+\sqrt{l_1(\tan\theta_2-\tan\theta_1)}]^2}{4}$$

$$(4-9)$$

式中　a——望远镜视线的延长线与近侧杆塔导线悬点铅垂线的交点到架空线悬点的垂直距离；

b——望远镜视线与对侧杆塔导线悬点铅垂线的交点到架空线悬点的垂直距离；

h——档距两侧杆塔悬点的高差，图 4-18 中经纬仪的观测点是靠低悬点侧，此时 h 应取"-"值；如经纬仪的观测点靠高悬点时，h 则应取"+"值，l 跨越档的档距，l_1 观测点到对侧杆塔中心桩间的水平距离。在受杆塔和地形限制无法满足时，应使用档内和档外角度法进行观测，以保证测差精度。

3. 档外角度法

该方法观测误差小，方便实用，能减轻观测人员的劳动量，在塔高较高以及驰度较小时，需用档外角度法。档外角度法是将仪器放在某号塔的小号侧线路的正下方距某号塔 l_1 处。如图 4-19 所示，用档外角度法计算紧线驰度观测角公式为

$$f = \frac{(\sqrt{a_0} + \sqrt{b})^2}{4} = \frac{\left[\sqrt{l_1(\tan J - \tan\theta)} + \sqrt{(l+l_1)(\tan Y - \tan\theta)}\right]^2}{4} \quad (4-10)$$

式中 l_1——仪器至 A 号塔中心桩的距离；

　　　f——观测档实测弛度；

　　　θ——导线弧垂与仪器视线切线与水平方向的夹角；

　　　l——弛度观测档档距。

4.3.3.4　档侧观测法

（1）把经纬仪置于垂直于杆塔侧面 2 倍塔高以外的地方，最远距离不限，以镜头能看清导、地线为宜。

（2）调整仪器位置，使仪器竖丝对准杆塔左右侧中心螺栓或左右侧挂点螺栓为准，证明仪器垂直于铁塔中心桩侧面。

（3）分别测出 α_1、α_2 和 β_1（图 4-20），然后可计算出弧垂值 f 或观测角 θ，用以观测或检查弧垂，计算过程为

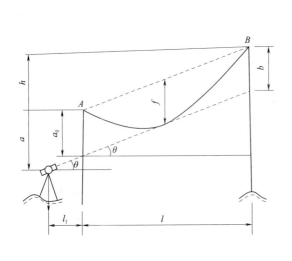

图 4-19　档外角度法检查弧垂

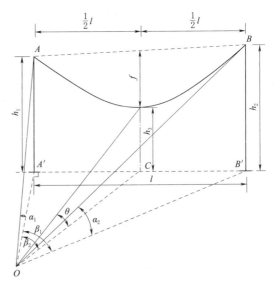

图 4-20　档侧观测法检查弧垂

$$OA' = l/\tan\beta_1$$

$$OB' = l/\sin\beta_1$$

$$\beta_2 = \arctan\left(\frac{1}{2}l/OA'\right)$$

$$OC' = \frac{1}{2}l/\sin\beta_2$$

$$h_1 = OA' \times \tan\alpha_1$$

$$h_2 = OB' \times \tan\alpha_2$$

$$h_3 = (h_1 + h_2)/2 - f = OC' \times \tan\theta$$

所以观测弧垂公式为

$$\theta = \arctan(h_3/OC') \tag{4-11}$$

检查弧垂为

$$f = (h_1 + h_2)/2 - h_3 = (h_1 + h_2)/2 - OC' \times \tan\theta \tag{4-12}$$

误差分析：档侧观测法和其他方法一样，也会受到仪器位置和观测角度偏差等的影响，但是由于档侧观测法弧垂观测点在档距中央，即导、地线弧垂点上，所以观测更为精确。通过多次测量对比证明，档侧观测法受误差因素影响相对较小，完全能够满足施工需要。

在档侧观测法公式基础上稍加变动，也可用于检测相邻下一档的弧垂，因此适用于观测档外地形不便的情况，把仪器置于前一档或下一档杆塔侧面即可。

根据档侧观测法的计算原理，可以测量档内导线任意距离点的位置，非常适合导线间隔棒的检查、安装，从而避免了因间隔棒安装在高空而引起的测量不便和危险。用这种方法检查安装间隔棒已经在施工中应用，并取得了良好效果。

档侧观测法的缺点：不能进行导线子线间超平观测，只能逐个检测每一根导线，或按扇形面估测，因此增加了工作量。

4.3.4 弧垂检查及调整

4.3.4.1 弧垂检查

（1）计算公式为

$$f = (\sqrt{a} + \sqrt{b})^2/4 \tag{4-13}$$

式中　f——观测档架线后弧垂值；

　　　a——观测档一侧固定悬挂点值；

　　　b——观测档另一侧观测点悬挂点值。

（2）架空线路导、地线等长及异长观测法弧垂复查操作步骤：

1）按复查时现场实际环境温度计算出观测档导、地线弧垂值。

2）根据计算的弧垂值在观测档一侧杆塔上选定 a 值（固定悬挂点，尽量接近于计算弧垂值）。

（3）根据选定的 a 值在观测档另一侧的杆塔上选定 b 值（与 a 值点相切时即为 b 值）。

（4）根据观测档两侧杆塔选定的 a、b 值计算出复查时的弧垂值。

4.3.4.2 弧垂调整

弧垂检查时，若弧垂误差 Δf 超出质量标准范围，则应进行调整。通常在耐张段内增减一段线长以改变弧垂。即，当实测弧垂大于标准弧垂时，要减一段线长；当实测弧垂小于标准弧垂时，要增一段线长。

1. 孤立档

挂线点不等高：$\Delta l = 8(f_2^2 - f_1^2)\cos^3\beta/3l$

挂线点不等高：$\Delta l = 8(f_2^2 - f_1^2)/3l$

2. 连续档

挂线点不等高：$\sum \Delta l_i = [8(f_2^2 - f_1^2)\cos^2\beta l_{db}^2/3l^4] \times \sum l_i/\cos^2\beta_i$

挂线点不等高：$\Delta l = [8l_{db}^2(f_2^2 - f_1^2)/3l^4] \times \sum l_i$

根据以上各式计算出的 Δl，若为正值，则应减短线长；若为负值，则应增加线长。

4.3.5　施工要点及工艺标准

架空线路导、地线弧垂观测档选定要求：

（1）110kV 架线后弧垂允许偏差值：＋5％，－2.5％。

（2）220kV 及以上架线后弧垂允许偏差值：±2.5％。

（3）110kV 架线后弧垂相间允许偏差值：200mm（档距不大于 800m）。

（4）220kV 及以上架线后弧垂相间允许偏差值：300mm（档距不大于 800m）。

（5）110kV、220kV 弧垂相间允许偏差值：500mm（档距大于 800m）。

（6）不安装间隔棒的垂直双分裂导线同相子导线间的弧垂偏差值：＋100mm～0。

（7）跨越河流的大跨越档，其弧垂偏差不应大于 ±1％，其正偏差值不应超过 1m。

4.4　附件安装

4.4.1　基础知识及相关规程

4.4.1.1　基础知识

（1）附件安装前，作业人员应对专用工具和安全用具进行外观检查，不符合要求者不得使用。

（2）相邻杆塔不得同时在同相（极）位安装附件，作业点垂直下方不得有人。

（3）提线工器具应挂在横担的施工孔上提升导线；无施工孔时，承力点位置应满足受力计算要求，并在绑扎处衬垫软物。

（4）附件安装时，安全绳或速差自控器应拴在横担主材上。安装间隔棒时，安全带应挂在一根子导线上，后备保护绳应拴在整相导线上。

（5）在跨越电力线、铁路、公路或通航河流等的线段杆塔上安装附件时，应采取防止导线或地线坠落的措施。

（6）在带电线路上方的导线上测量间隔棒距离时，应使用干燥的绝缘绳，不得使用带有金属丝的测绳、皮尺。

（7）拆除多轮放线滑车时，不得直接用人力松放。

4.4.1.2 相关规程

（1）绝缘子安装前应逐个（串）将表面清理干净，并逐个（串）进行外观检查。瓷（玻璃）绝缘子安装时应检查碗头、球头与弹簧销子之间的间隙。在安装好弹簧销子的情况下球头不得自碗头中脱出。验收前应清除瓷（玻璃）表面的污垢。有机复合绝缘子表面不应有开裂、脱落、破损等现象，绝缘子的芯棒和端部附件不应有明显的歪斜。

（2）金具的镀锌层有局部碰损剥落或缺锌，应除锈后补刷防锈漆。

（3）采用张力放线时，耐张塔的挂线宜采用塔上断线和塔上平衡挂线方法施工。

（4）弧垂合格后应及时安装附件。附件（包括间隔棒）安装时间不应超过 5d，档距大于 800m 时应优先安装。大跨越防振装置难以立即安装时，应会同设计单位采用临时防振措施。

（5）附件安装时应采取防止工器具碰撞有机复合绝缘子伞套的措施，不得踩踏有机复合绝缘子。

（6）悬垂线夹安装后，绝缘子串应竖直，顺线路方向与竖直位置的偏移角不应超过 5°，且最大偏移值不应超过 200mm。连续上（下）山坡处杆塔上的悬垂线夹的安装位置应符合设计规定。

（7）绝缘子串、导线及架空地线上的各种金具上的螺栓、穿钉及弹簧销子除有固定的穿向外，其余穿向应统一，并应符合下列规定：

1）单悬垂串上的弹簧销子应由小号侧向大号侧穿入。使用 W 型弹簧销子时，绝缘子大口应一律朝小号侧；使用 R 型弹簧销子时，大口应一律朝大号侧。螺栓及穿钉凡能顺线路方向穿入者，应一律由小号侧向大号侧穿入，特殊情况两边线可由内向外，中线可由左向右穿入；直线转角塔上的金具螺栓及穿钉应由上斜面向下斜面穿入。

2）单相双悬垂串上的弹簧销子应对向穿入，螺栓及穿钉的穿向应符合规范的要求。

3）耐张串上的弹簧销子、螺栓及穿钉应一律由上向下穿；当使用 W 型弹簧销子时，绝缘子大口应一律向上；当使用 R 型弹簧销子时，绝缘子大口应一律向下，特殊情况两边线可由内向外，中线可由左向右穿入。

4）分裂导线上的穿钉、螺栓应一律由线束外侧向内穿。

5）当穿入方向与当地运行单位要求不一致时，应在架线前明确规定。

（8）金具上所用的闭口销的直径应与孔径相配合，且弹力适度。开口销和闭口销不应有折断和裂纹等现象，当采用开口销时应对称开口，开口角度不宜小于 $60°$，不得用线材和其他材料代替开口销和闭口销。

（9）各种类型的铝质绞线，在与金具的线夹夹紧时，除并沟线夹及使用预绞丝护线条外，安装时应在铝股外缠绕铝包带，缠绕时应符合下列规定：

1）铝包带应缠绕紧密，缠绕方向应与外层铝股的绞制方向一致。

2）所缠铝包带应露出线夹，但不应超过 10mm，端头应回缠绕于线夹内压住。设计有要求时应按设计要求执行。

（10）安装预绞丝护线条时，每条的中心与线夹中心应重合，对导线包裹应紧密。

（11）防振锤及阻尼线与被连接的导线或架空地线应在同一铅垂面内，设计有要求时应按设计要求安装。其安装距离允许偏差应为 $\pm30mm$。

（12）分裂导线的间隔棒的结构面应与导线垂直，杆塔两侧第一个间隔棒的安装距离允许偏差应为端次档距的 $\pm1.5\%$，其余应为次档距的 $\pm3\%$。各相间隔棒宜处于同一竖直面。

（13）绝缘架空地线放电间隙的安装距离允许偏差应为 $\pm2mm$。

（14）柔性引流线应呈近似悬链状自然下垂，对杆塔及拉线等的电气间隙应符合设计规定。使用压接引流线时，中间不得有接头。刚性引流线的安装应符合设计要求。

（15）铝制引流连板及并沟线夹的连接面应平整、光洁，安装应符合下列规定：

1）安装前应检查连接面是否平整，耐张线夹引流连板的光洁面应与引流线夹连板的光洁面接触。

2）使用汽油洗擦连接面及导线表面污垢后，应先涂一层电力复合脂，再用细钢丝刷清除电力复合脂的表面氧化膜。

3）应保留电力复合脂，并应逐个均匀地紧固连接螺栓。螺栓的扭矩应符合该产品说明书的要求。

（16）地线与门构架的接地线连接应接触良好，顺畅美观。

4.4.2　工器具选择与分析计算

杆塔垂直档距计算如图 4-21 所示。

以 A 杆为例，导线传递给 A 杆的垂直荷载为

$$G=gAl_\mathrm{v} \tag{4-14}$$

式中　G——导线传递给杆塔的垂直荷载，N；

g——导线的垂直比载，N/(m·mm²)；

l_V——计算杆塔的垂直档距，m；

A——导线截面积，mm²。

实际应用中，可不考虑导线的冰重比载，即认为导线的垂直比载等丁导线的自重比载，垂直档距可从平断面图中查找得出。

以 110kV 华金—赤山线路工程 N11—N13 档为例进行验算，导线为 G1A-300/25，其单位重为 1057kg/km，N11—N13 档平断面图如图 4-22 所示。

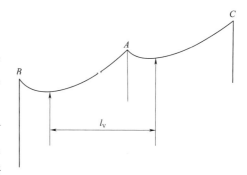

图 4-21　杆塔垂直档距计算示意图

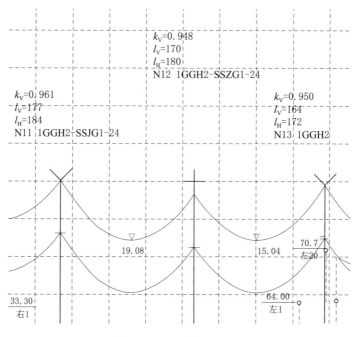

图 4-22　平断面图示例

导线对 N12 杆塔的垂直荷载 $G=1057\times10\times170/1000=1796.9$N。

因此 N12 直线塔安装悬垂线夹时可以使用 1 只 15kN 的链条葫芦进行提线，链条葫芦配以 $\phi11$mm（破断力 63.2kN）的钢丝套保险。

4.4.3　施工场地布置

现场实行模块化管理，按功能将现场区域划分为：施工区域、工具棚、螺栓堆放区、工器具堆放区等，另设安全文明施工标牌及旗帜等。

4.4.3.1　施工区域

施工区域外围设钢管组装式安全围栏，钢管组装式安全围栏如图 3-5 所示。采用钢管及扣件组装，其中立杆间距为 2.0m，高度为 1.2m（中间距地 0.5m 高处设一道横杆），杆件红白油漆涂刷、间隔均匀、尺寸规范。围栏上挂设"严禁跨越"等警示标志牌。

施工区域出入口设置：分施工通道和安全通道，两通道之间用钢管围栏进行隔离区分，入口设"施工通道"和"安全通道"指示牌。通道设"五牌一图"及相关安全文明施工标牌。通道围栏外挖设排水沟。

4.4.3.2 工具棚

采用绿色军用帐篷，设置工具架 2 只。工具分类摆放整齐，设"工具标识牌（合格）"，工具棚布置如图 3-6 所示。

4.4.3.3 螺栓堆放区

地面平整，铺设彩条布，四周用门形硬围栏隔离，其中一面可利用已有的钢管围栏。螺栓按不同规格分开整齐堆放，设置"材料标识牌（合格）"。

4.4.3.4 工器具堆放区

地面平整，铺设彩条布。工器具分类堆放整齐，设"工器具标识牌（合格）"。所有机械设备设"机械设备状态牌（完好机械）"，螺栓和工器具堆放示意图如图 3-7 和图 3-8 所示。

4.4.4 施工过程

4.4.4.1 直线杆塔导线线夹安装

导线悬垂线夹的安装，一般应按下列步骤和要求进行：

（1）将腰绳拴牢；腰绳应拴在横担的主材上，禁止绑在绝缘子串上或拉杆等不牢靠的地方。

（2）调整绝缘子串呈铅直状态，找出中心点并画印，然后提升导线进行铝包带的缠绕或护线条的安装工作。

（3）使用双钩紧线器提升导线时，双钩的上端应通过钢丝绳套吊在横担的主材上；双钩紧线器的规格应与导线牌号相适应，对于垂直距过大的杆塔，应使用两副双钩紧线器。

（4）装上线夹，调准中心位置，扭紧螺栓。

（5）悬垂绝缘子串除设计规定必须倾斜的外，均应垂直地平面；个别绝缘子串，其倾斜角允许不超过 3°。

（6）进行必要的修整和检查保证达到质量和工艺要求。

4.4.4.2 直线杆塔避雷线金具附件安装

（1）安装避雷线的悬垂线夹时，应尽可能采用小型机具提升避雷线；当无适当小型机具可以利用时，允许使用杠杆提升，但应防止杠杆滑脱伤人，杠杆质地要坚固可靠。

（2）楔形线夹的安装应按下列步骤和要求进行：

1）根据画印点，量出围弯点的位置并作以标记；割切绞线（割切位置：应使绞线断头露出楔型线夹端口 200mm；若有跳线的，单独确定）套入线夹，然后将绞线弯成"Ω"状。

2）用舌板调整钢绞线的弯曲度，然后一同插入线夹槽内；在插入过程中，应使绞线与舌板上缘紧密贴靠。

3）用适当工具或垫以硬木将绞线和舌板打紧，使其靠实夹槽。

4）修整，刷油。

4.4.4.3 防振锤安装

（1）防振锤的安装数量、规格及位置应符合设计要求，其与导线及避雷线接触的夹槽内应按设计规定加衬垫；防振锤安装后应垂直地平面，不得扭斜；螺栓穿入方向，边线由内向外穿，中线由左向右穿（面向受电侧）；安装距离允许偏差±30mm。

（2）除特殊规定的外，防振锤安装一般应按下列程序和要求进行：

1）由线夹回转中心算起，根据设计尺寸沿导线或避雷线向外量测，找出安装位置并画好印记。

2）在安装位置处缠绕铝包带，其缠绕长度应外露夹板两端各 10～30m。

3）将防振锤的夹板夹在导线或避雷线的衬垫上，紧固螺栓。

4）检查与修整。

4.4.4.4 跳线安装

跳线安装工艺流程框图如图 4-23 所示。

图 4-23　跳线安装工艺流程框图

（1）下料。在选择好跳线线体材料之后即可统一下料。下料长度可按设计数据适当增加 1～1.5m；若设计未给出数据，可根据经验和参考杆塔、绝缘子等的结构尺寸估算数值，并给出一定余量。下料完成之后，即可将一端进行跳线联板压接，压接联板时要选择好联板结合面方向和线体自然弯曲方向。

（2）悬挂。悬挂系将一端联板已压接的线体用棕绳吊至杆塔一侧导线耐张线夹的联板处，将两个联板的光面上清理干净涂以导电脂，并连接固定好。注意应在四级风以下进行，保证悬挂着的线体不得鞭击或摩擦，也不得磨地或碰撞杆塔。

（3）模拟。模拟是将悬挂着的跳线线体（本线）一根一根地在空中进行模拟，确定该跳线线体的割线位置画好印记，并标明跳线联板的压接方向。在模拟时操作人员要到该塔另一侧的耐张线夹处，悬挂一工具滑车，将牵引跳线线体的棕绳穿过工具滑车，一端与被模拟的线体连接，而后徐徐牵引，使跳线弧垂达到设计规定值。如果要通过跳线悬垂绝缘子串，应分段模拟确定，并应考虑跳线悬垂绝缘子串在运行状态时自然倾斜的影响。

（4）割线。将画好印记的线体线端，通过棕绳放到地面或移至杆塔横担的适当位置，进行量尺、割线（计入安装跳线联板所需长度）。

（5）压接。跳线联板的液压连接，应特别注意跳线联板的方向，如跳线线体画印时注明方位，必须按其所注的方位施工。

（6）组装。组装作业内容有：跳线联板与耐张线夹联板的安装连接固定，跳线悬垂绝缘子串联板上的悬垂线夹和重锤的安装，以及跳线间隔棒的安装。在组装中应注意跳线联板光洁面涂以导电脂以及压接方位。

（7）调整。调整是将组装后的跳线进行最后的检查和修整，使其外形工艺整齐、美观，呈自然悬链状，再按规定逐一检查跳线弧垂值和电气间隙，并填入记录。拆卸除应保留的半永久接地外的所有施工用具。

4.4.4.5　导线间隔棒安装

导线间隔棒安装工艺程序框图如图4-24所示。

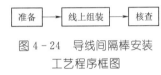

图4-24　导线间隔棒安装工艺程序框图

（1）准备。导线间隔棒安装作业之前，应认真听取技术交底和安全规程及验收规范的学习，并经过统一的安装试点，准备好安装所需的技术文件资料和设计图纸及施工技术手册，准备好至少一个工作日所用的安装设备、材料等；准备好次档距测距仪和飞车等并要经过试验操作练习和检验。

（2）线上组装。导线间隔棒上线之前，首先应在地面上将零部件配齐装好，以便减少高空安装工作量，随后可用ϕ12mm棕绳通过悬挂在导线（应加防护套）上的传递滑车，将导线间隔棒提升至安装处，驱动飞车进行线上组装，应保证导线间隔棒与导线垂直，三相安装位置一致。

（3）核查。导线间隔棒在线上组装之后，要进行自检核查。查有无缺件，有无安装错误以及开口销是否开口，销钉、螺栓的穿向是否正确等。检查安装质量是否达到设计和规范要求，如三相导线间隔棒是否在同一个断面上，安装是否整齐、正确、美观等；确认安装良好无误后，即可转移安装下一组或退出。

4.4.5　施工要点

4.4.5.1　导线悬垂绝缘子串安装

1. 导线Ⅰ型悬垂绝缘子串安装

（1）金具、绝缘子安装前应检查，不合格者严禁使用，并进行试组装。

（2）运输和起吊过程中做好绝缘子的保护工作，尤其是有机复合绝缘子重点做好运输期间的防护，瓷（玻璃）绝缘子重点做好起吊过程的防护。

（3）绝缘子表面要擦洗干净，避免损伤。瓷（玻璃）绝缘子安装时检查球头和碗头连接的绝缘子应装备有可靠的锁紧装置。按设计要求加装异色绝缘子。施工人员沿合成绝缘子出线，必须使用软梯。合成绝缘子不得有开裂、脱落、破损等现象。

（4）缠绕的铝包带、预绞丝护线条的中心与印记重合，以保证线夹位置准确。铝包带顺外层线股绞制方向缠绕，缠绕紧密，露出线夹，并不超过 10mm，端头要压在线夹内。预绞丝护线条两端整齐。

（5）线夹螺栓安装后两边露扣要一致，螺栓紧固扭矩应符合该产品说明书要求。各子导线线夹应同步，避免连板扭转。

（6）绝缘子、碗头挂板开口及金具螺栓、销钉穿向应符合要求。

（7）金具上所用开口销和闭口销的直径必须与孔径相配合，且弹力适度，开口销和闭口销不应有折断和裂纹等现象，当采用开口销时应对称开口，开口角度应为 60°～90°，不得用线材和其他材料代替开口销和闭口销。

（8）安装附件所用工器具要采取防损伤导线的措施。

（9）附件安装及导线弧垂调整后，如绝缘子串倾斜超差，要及时进行调整。

（10）锁紧销的装配应使用专用工具，以免损坏金属附件的镀锌层。

2. 导线 V 型悬垂绝缘子串安装

（1）金具、绝缘子安装前应检查，不合格者严禁使用，并进行试组装。

（2）运输和起吊过程中做好绝缘子的保护工作，尤其是合成绝缘子重点做好运输期间的防护，瓷（玻璃）绝缘子重点做好起吊过程的防护。

（3）绝缘子表面要擦洗干净，避免损伤。瓷（玻璃）绝缘子安装时应检查碗头、球头与弹簧销子之间的间隙。按设计要求加装异色绝缘子。合成绝缘子不得有开裂、脱落、破损等现象，施工人员出线不得踩踏合成绝缘子。

（4）缠绕的铝包带、预绞丝护线条的中心与印记重合，以保证线夹位置准确。铝包带顺外层线股绞制方向缠绕，缠绕紧密，露出线夹，并不超过 10mm，端头要压在线夹内。预绞丝护线条两端整齐。

（5）线夹螺栓安装后两边露扣要一致，螺栓紧固扭矩应符合该产品说明书要求。各子导线线夹应同步，避免连扳扭转。

（6）绝缘子、碗头挂板开口及金具螺栓、销钉穿向应符合要求。

（7）金具上所用开口销和闭口销的直径必须与孔径相配合，且弹力适度，开口销和闭口销不应有折断和裂纹等现象，当采用开口销时应对称开口，开口角度应为 60°～90°，不得用线材和其他材料代替开口销和闭口销。

（8）安装附件所用工器具要采取防损伤导线的措施。

（9）附件安装及导线弧垂调整后，如绝缘子串顺线路方向倾斜超差，要及时进行调整。

（10）锁紧销的装配应使用专用工具，以免损坏金属附件的镀锌层。

4.4.5.2 均压环、屏蔽环安装

(1) 均压环、屏蔽环安装前应检查，不合格者严禁使用。

(2) 均压环、屏蔽环运至现场前不得拆除外包装，安装过程必须采取防磕碰措施，均压环、屏蔽环的安装应在绝缘子串起吊或固定在塔上后进行。

(3) 均压环、屏蔽环外表面有明显凹凸缺陷时，不得安装。

(4) 均压环、屏蔽环环体上不应踩压且不得放置施工器具，保证均压环、屏蔽环绝缘间隙符合要求。

(5) 均压环、屏蔽环开口及螺栓穿向应符合要求，螺栓紧固扭矩应符合该产品说明书的要求。

(6) 固定环体的支撑杆应有足够的强度，固定的螺栓紧固扭矩应符合该产品说明书的要求，安装时确保环体对各对称部位的距离一致。

(7) 施工验收应逐塔、逐串检查均压环、屏蔽环的外观情况。

4.4.5.3 地线悬垂金具安装

1. 绝缘型地线悬垂金具安装

(1) 金具、绝缘子安装前应检查，不合格者严禁使用，并进行试组装。

(2) 核查所画印记在放线滑车中心，并保证绝缘子串垂直地平面。

(3) 绝缘子表面应擦洗干净，避免损伤。并注意调整好放电间隙，螺栓紧固扭矩应符合说明书要求。

(4) 如需缠绕铝包带、预绞丝护线条，缠绕的铝包带、预绞丝护线条的中心与印记重合，以保证线夹位置准确。铝包带顺外层线股绞制方向缠绕，缠绕紧密，露出线夹，并不超过 10mm，端头应压在线夹内。预绞丝护线条两端整齐。

(5) 线夹螺栓安装后两边露扣应一致，螺栓紧固扭矩应符合该产品说明书要求。

(6) 各种螺栓、销钉穿向应符合要求。

(7) 金具上所用开口销和闭口销的直径必须与孔径相配合，且弹力适度，开口销和闭口销不应有折断和裂纹等现象，当采用开口销时应对称开口，开口角度应为 60°~90°，不得用线材和其他材料代替开口销和闭口销。

(8) 安装附件所用工器具应采取防损伤地线的措施。

(9) 附件安装及地线弧垂调整后，如绝缘子串倾斜超差，应及时进行调整。

2. 接地型地线悬垂金具安装

(1) 金具安装前应检查，不合格者严禁使用，并进行试组装。

(2) 核查所画印记在放线滑车中心，并保证金具串垂直地平面。

(3) 如需缠绕铝包带、预绞丝护线条，铝包带、预绞丝护线条中心与印记重合，以保证线夹位置准确。铝包带顺外层线股绞制方向缠绕，缠绕紧密，露出线夹，并不超过 10mm，端头应压在线夹内。如用护线条，两端应整齐。

（4）线夹螺栓安装后两边露扣应一致，螺栓紧固扭矩应符合该产品说明书要求。

（5）各种螺栓、销钉穿向应符合要求。

（6）金具上所用开口销和闭口销的直径必须与孔径相配合，且弹力适度，开口销和闭口销不应有折断和裂纹等现象，当采用开口销时应对称开口，开口角度应为$60°\sim90°$，不得用线材和其他材料代替开口销和闭口销。

（7）安装附件所用工器具应采取防损伤地线的措施。

（8）附件安装及地线弧垂调整后，如金具串倾斜超差，应及时进行调整。

（9）接地线应自然、顺畅、美观，并沟线夹方向不得偏扭，或垂直或水平，紧固扭矩应符合该产品说明书要求。

4.4.5.4 引流线制作

1. 软引流线制作

（1）制作引流线的导线应使用未受过力的原状导线，凡有扭曲、松股、磨伤、断股等现象的，均不得使用。

（2）提升、安装引流线过程中应采取防止其扭曲、变形的措施。安装引流线并沟线夹和间隔棒应从中间向两端安装，施工人员不得上线操作，以确保软引流线流畅美观，分裂导线间距保持一致。

（3）引流线的走向应自然、顺畅、美观，呈近似悬链状自然下垂。引流线如可能与均压环等金具发生摩擦碰撞时，应加装小间隔棒固定。

（4）耐张线夹引流连板的光洁面必须与引流线夹连板的光洁面接触，接触面用汽油清洁干净，先涂抹一层电力复合脂，再用细钢丝刷清除有电力复合脂的表面氧化膜。保留电力复合脂，逐个均匀地紧固连接螺栓。螺栓穿向应符合规范要求，紧固扭矩应符合该产品说明书要求。

（5）引流线安装完毕后，检查电气间隙应符合设计规定。

（6）引流线、引流板的朝向应满足使导线的盘曲方向与安装后的引流线弯曲方向一致。

2. 扁担式硬引流线制作

（1）制作引流线的导线应使用未受过力的原状导线，凡有扭曲、松股、磨伤、断股等现象的，均不得使用。提升、安装过程中应采取防止引流线扭曲、变形的措施。

（2）安装引流线线夹和间隔棒应从中间向两端安装，导线应自然顺畅，施工人员不得上线操作，以确保柔性引流线流畅美观，分裂导线间距保持一致。

（3）引流线的走向应自然、顺畅、美观。

（4）耐张线夹引流连板的光洁面必须与引流线夹连板的光洁面接触，接触面用汽油清洁干净，先涂抹一层电力复合脂，再用细钢丝刷清除有电力复合脂的表面氧化膜。保留电力复合脂，逐个均匀地紧固连接螺栓。螺栓穿向应符合规范要求，紧固扭矩应符合该产品说明书要求。

（5）引流线安装完毕后，检查电气间隙应符合设计规定。

4.4.5.5　防振锤安装

1．导线防振锤安装

（1）防振锤安装前应检查，不合格者严禁使用。

（2）防振锤要无锈蚀、无污物，锤头与挂板应成一平面。

（3）防振锤在线上应自然下垂，锤头与导线应平行，并与地面垂直。

（4）缠绕铝包带时，铝包带顺外层线股绞制方向缠绕，缠绕紧密，露出夹板，并不超过10mm，端头应回压在夹板内。设计有要求时按设计要求执行。

（5）安装距离应符合设计规定，螺栓紧固扭矩应符该产品说明书要求。

（6）防振锤分大小头时，朝向和螺栓穿向应按设计要求。

2．地线防振锤安装

（1）防振锤安装前应进行检查，不合格者严禁使用。

（2）防振锤要无锈蚀、无污物，锤头与挂板应成一平面。

（3）防振锤在线上应自然下垂，锤头与线应平行，并与地面垂直。

（4）缠绕铝包带时，铝包带顺外层线股绞制方向缠绕，缠绕紧密，露出线夹，并不超过10mm，端头应回压在夹板内。设计有要求时按设计要求执行。

（5）安装距离应符合设计规定，螺栓紧固扭矩应符合该产品说明书要求。

（6）防振锤分大小头时，朝向和螺栓穿向应按设计要求。

3．预绞式防振锤安装

（1）防振锤、预绞丝安装前应检查，不合格者严禁使用。

（2）防振锤要无锈蚀、无污物。

（3）防振锤在线上应自然下垂，锤头与线应平行，并与地面垂直。

（4）缠绕预绞丝时应保证两端整齐，预绞丝中心点与防振锤夹板中心点一致，缠绕方向应与外层线股的绞制方向一致，并保持原预绞形状，预绞丝缠绕导线时应采取防护措施防止预绞丝头在缠绕过程中磕碰损伤导线。

（5）安装距离应符合设计规定。

（6）防振锤分大小头时，朝向和螺栓穿向应按要求统一。

4.4.5.6　间隔棒安装

1．线夹式间隔棒安装

（1）分裂导线间隔棒的结构面应与导线垂直。

（2）安装时应测量次档距，杆塔两侧第一个间隔棒的安装距离允许偏差应为端次档距的±1.5%，其余应为次档距的±3%。

（3）各相间隔棒安装位置宜处于同一竖直面。

2. 预绞式间隔棒安装

（1）分裂导线间隔棒的结构面应与导线垂直。

（2）安装时应测量次档距，杆塔两侧第一个间隔棒的安装距离允许偏差应为端次档距的±1.5%，其余应为次档距的±3%。

（3）各相间隔棒安装位置宜处于同一竖直面。

4.4.5.7　OPGW悬垂串安装

（1）金具安装前应检查，不合格者严禁使用，并进行试组装。

（2）在紧线完后48h内完成附件安装。

（3）在放线滑车中心进行画印，保证金具串垂直地平面。

（4）提线时与OPGW接触的工具应包橡胶或缠绕铝包带，不得以硬质工具接触OPGW表面。

（5）护线条中心应与印记重合，护线条缠绕应保证两端整齐，缠绕方向应与外层线股的绞制方向一致，并保持原预绞形状。

（6）各种螺栓、销钉穿向应符合规范要求。螺栓紧固扭矩应符合该产品说明书要求。

（7）金具上所用开口销和闭口销的直径必须与孔径相配合，且弹力适度。开口销和闭口销不应有折断和裂纹等现象，当采用开口销时应对称开口，开口角度应为60°～90°，不得用线材和其他材料代替开口销和闭口销。

（8）附件安装及OPGW弧垂调整后，如金具串倾斜超差，应及时进行调整。

（9）OPGW引下线应自然引出，引线自然顺畅，接地并沟线夹方向不得偏扭，或垂直或水平。

（10）杆塔及构架安装接地引线的孔应符合设计要求。

4.4.5.8　OPGW防振锤安装

（1）防振锤、预绞丝安装前应检查，不合格者严禁使用。

（2）防振锤要无锈蚀、无污物，锤头与挂板要成一平面。

（3）防振锤在线上要自然下垂，锤头与线要平行。

（4）缠绕预绞丝时应保证两端整齐，预绞丝中心点与防振锤夹板中心点一致，缠绕方向应与外层线股的绞制方向一致，并保持原预绞形状，预绞丝缠绕导线时应采取防护措施防止预绞丝头在缠绕过程中磕碰损伤导线。

（5）安装距离应符合设计规定，螺栓紧固扭矩应符合该产品说明书要求。

4.4.6　工艺标准

4.4.6.1　导线悬垂绝缘子串安装

1. 导线 I 型悬垂绝缘子串安装

（1）绝缘子表面完好干净，不得有损伤、划痕。在安装好弹簧销子的情况下，球头不得自碗头中脱出。有机复合绝缘子串与端部附件不应有明显的歪斜。

（2）绝缘子串上的各种螺栓、穿钉及弹簧销子，除有固定的穿向外，其余穿向应统一。

（3）各种类型的铝质绞线，安装线夹时应按设计规定在铝股外缠绕铝包带或预绞丝护线条。

（4）绝缘子串与金具连接符合图纸要求，金具表面应无锈蚀、裂纹、气孔、砂眼、飞边等现象。

（5）悬垂线夹安装后，绝缘子串应竖直，顺线路方向与竖直位置的偏移角不应超过 5°，且最大偏移值不大于 200mm。连续上（下）山坡处杆塔上的悬垂线夹的安装位置应符合设计规定。

（6）根据设计要求安装均压环、屏蔽环。均压环宜选用对接型式。

2. 导线 V 型悬垂绝缘子串安装

（1）绝缘子表面完好干净。瓷（玻璃）绝缘子在安装好弹簧销子的情况下，球头不得自碗头中脱出；有机复合绝缘子绝缘子串与端部附件不应有明显的歪斜。

（2）绝缘子串上的各种螺栓、穿钉及弹簧销子，除有固定的穿向外，其余穿向应统一。

（3）球头和碗头连接的绝缘子应装备有可靠的锁紧装置。

（4）各种类型的铝质绞线，安装线夹时应按设计规定在铝股外缠绕铝包带或预绞丝护线条。

（5）绝缘子串与金具连接符合图纸要求，金具表面应无锈蚀、裂纹、气孔、砂眼、飞边等现象。

（6）悬垂线夹安装后，顺线路方向与竖直位置的偏移角不应超过 5°，且最大偏移值不大于 200mm。连续上（下）山坡处杆塔上的悬垂线夹的安装位置应符合设计规定。

（7）根据设计要求安装均压环、屏蔽环。均压环宜选用对接型式。

4.4.6.2　均压环、屏蔽环安装

（1）均压环、屏蔽环的规格符合设计要求。

（2）均压环、屏蔽环不得变形，表面光洁，不得有凸凹等损伤。

（3）均压环、屏蔽环对各部位距离满足设计要求，绝缘间隙偏差为 ±10mm。

（4）均压环、屏蔽环的开口符合设计要求。

（5）均压环应与导线平行，屏蔽环应与导线垂直。

4.4.6.3　地线悬垂金具安装

1. 绝缘型地线悬垂金具安装

（1）应使用双联绝缘子串。

（2）绝缘子串表面完好、干净，避免损伤。

（3）绝缘子串上的各种螺栓、穿钉及弹簧销子，除有固定的穿向外，其余穿向应

统一。

（4）各种类型的铝质绞线，安装线夹时应按设计规定在铝股外缠绕铝包带或预绞丝护线条。

（5）悬垂线夹安装后，绝缘子串应垂直地平面。连续上（下）山坡处杆塔上的悬垂线夹的安装位置应符合规定。

（6）绝缘子放电间隙的安装距离允许偏差小于±2mm。放电间隙安装方向宜远离塔身。

2. 接地型地线悬垂金具安装

（1）地线悬垂串上的各种螺栓、穿钉及弹簧销子，除有固定的穿向外，其余穿向应统一。

（2）各种类型的铝质绞线，安装线夹时应按设计规定在铝股外缠绕铝包带或预绞丝护线条。

（3）悬垂线夹安装后，悬垂串应垂直地平面。

（4）接地引线全线安装位置要统一，接地引线应顺畅、美观。

4.4.6.4 引流线制作

1. 软引流线制作

（1）柔性引流线应呈近似悬链状自然下垂。

（2）使用压接引流线时，中间不得有接头。

（3）引流线不宜从均压环内穿过，并避免与其他部件相摩擦。

（4）铝制引流连板及并沟线夹的连接面应平整、光洁。

（5）引流线间隔棒（结构面）应垂直于引流线束。

（6）引流线安装后，检查引流线弧垂及引流线与塔身的最小间隙，应符合要求。

（7）如采用引流线专用的悬垂线夹，其结构面应垂直于引流线束。

2. 扁担式硬引流线制作

（1）两端的柔性引流线应呈近似悬链状自然下垂。

（2）使用压接引流线时，中间不得有接头。

（3）铝制引流连板的连接面应平整、光洁，并沟线夹的接触面应光滑。

（4）引流线的刚性支撑尽量水平，与引流线连接要对称、整齐美观。

（5）刚性引流线安装应符合设计要求。

（6）引流线间隔棒结构面应与导线垂直，安装距离应符合设计要求。

（7）引流线对杆塔及拉线等的电气间隙应符合设计规定。

4.4.6.5 防振锤安装

1. 导线防振锤安装

（1）导线防振锤与被连接导线应在同一铅垂面内，设计有要求时按设计要求安装。

（2）防振锤安装距离应符合设计要求，其安装距离允许偏差不大于±30mm。

（3）安装防振锤时需加装铝包带。

（4）防振锤分大小头时，大小头及螺栓的穿向应符合设计要求。

2. 地线防振锤安装

（1）地线防振锤与被连接地线应在同一铅垂面内，设计有要求时按设计要求安装。

（2）防振锤安装距离要符合设计要求，其安装距离允许偏差不大于±30mm。

（3）安装防振锤时需加装铝包带。

（4）防振锤分大小头时，大小头及螺栓的穿向应符合设计要求。

3. 预绞式防振锤安装

（1）防振锤与被连接导地线应在同一铅垂面内，设计有要求时按设计要求安装。

（2）防振锤安装距离要符合设计要求，其安装距离允许偏差不大于±30mm。

（3）防振锤应与地平面垂直，并加装预绞丝。

（4）防振锤分大小头时，大小头及螺栓的穿向应符合设计要求。

4.4.6.6 间隔棒安装

1. 线夹式间隔棒安装

（1）间隔棒安装前应检查，型式应符合设计要求，不合格者严禁使用。

（2）间隔棒的结构面应与导线垂直，相间的间隔棒应在导线的同一竖直面上，安装距离应符合设计要求。引流线间隔棒的结构面应与导线垂直，其安装位置应符合设计要求。

（3）各种螺栓、销钉穿向应符合规范要求，螺栓紧固扭矩应符合该产品说明书要求。

（4）金具上所用开口销和闭口销的直径必须与孔径相配合，且弹力适度，开口销和闭口销不应有折断和裂纹等现象，当采用开口销时应对称开口，开口角度应为60°～90°，不得用线材和其他材料代替开口销和闭口销。

（5）间隔棒夹口的橡胶垫应安装紧密、到位。

（6）间隔棒安装位置遇有接续管或补修金具时，应在安装距离允许误差范围内进行调整，使其与接续管或补修金具间保持0.5m以上距离，其余各相间隔棒与调整后的间隔棒位置保持一致。

2. 预绞式间隔棒安装

（1）间隔棒、预绞丝安装前应检查，型式应符合设计要求，不合格者严禁使用。

（2）间隔棒的结构面应与导线垂直，相（极）间的间隔棒应在导线的同一竖直面上，安装距离应符合设计要求。

（3）间隔棒缠绕预绞丝时应保证两端整齐，并保持原预绞形状。间隔棒安装应紧密，预绞丝中心与线夹口中心重合，对导线包裹紧固。

（4）间隔棒安装位置遇有接续管或补修金具时，应在安装距离允许误差范围内进行调整，使其与接续管或补修金具间保持 0.5m 以上距离。其余各相间隔棒与调整后的间隔棒位置保持一致。

4.4.6.7 OPGW悬垂串安装

（1）金具串上的各种螺栓、穿钉，除有固定的穿向外，其余穿向应统一。

（2）悬垂线夹安装后，应垂直地平面，顺线路方向偏移角度不得大于 5°，且偏移量不得超过 80mm。连续上（下）山坡处杆塔上的悬垂线夹的安装位置应符合规定。

（3）接地引线全线安装位置要统一，接地引线应顺畅、美观。

4.4.6.8 OPGW防振锤安装

（1）OPGW 防振锤与连接 OPGW 应在同一铅垂面内，设计有要求时按设计要求安装。

（2）防振锤安装距离应符合设计要求，其安装距离允许偏差不大于 ±30mm。

（3）安装 OPGW 引下线上的防振锤需加装预绞丝。

（4）防振锤分大小头时，大小头及螺栓的穿向应符合图纸要求。

第5章

电力电缆安装施工

5.1 电力电缆安装施工概述

高压电力电缆是电力系统中传输电能的重要组成部分，主要用于城区、电站等必须采用地下输电部位。我国高压及超高压电力电缆涵盖 66kV、110kV、220kV、500kV、±200kV、±320kV 等电压等级。

电力电缆线路包括电力电缆本体、附件、附属设备、附属设施及电力电缆通道。

（1）电力电缆本体：指除去电力电缆接头和终端等附件以外的电力电缆线段部分，如图 5-1 所示。

（2）电力电缆附件：电力电缆终端、电力电缆中间接头等电力电缆线路组成部件的统称，如图 5-2～图 5-5 所示。

图 5-1 铜芯交联聚乙烯绝缘皱纹铝套聚乙烯外护套电力电缆

图 5-2 油浸式电力电缆户外终端

（3）附属设备：避雷器、接地装置、供油装置、在线监测装置等电力电缆线路附属装置的统称，如图 5-6～图 5-8 所示。

（4）附属设施：电力电缆支架、标识标牌、防火设施、电力电缆终端站等电力电缆线路附属部件的统称，如图 5-9～图 5-12 所示。

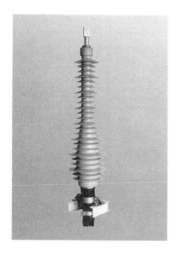

图 5-3　干式电力电缆户外终端

图 5-4　插拔式 GIS 站内电力电缆终端

图 5-5　电力电缆中间接头

图 5-6　避雷器及漏放电监测器

图 5-7　直接接地箱

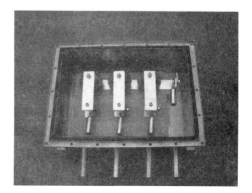

图 5-8　保护接地箱

图 5-9　电力电缆支架　　　　　图 5-10　电力电缆通道标识牌

图 5-11　电力电缆防火设施　　　　图 5-12　电力电缆终端站

图 5-13　电力电缆综合管廊（隧道）

（5）电力电缆通道：电力电缆隧道、电力电缆沟、排管、直埋、电力电缆桥架、综合管廊等电力电缆线路的土建设施，如图 5-13～图 5-15 所示。

电力电缆工程施工主要分为电力电缆土建施工和电气安装两个阶段，电力电缆工程中重要的工序交接点主要有：①土建验收交接；②电力电缆电气安装阶段的工序交接。

图 5-14 电力电缆沟及电力
电缆排管

图 5-15 电力电缆桥架

5.2 各交接面注意事项

5.2.1 土建验收交接

电力电缆土建施工完成后,电力电缆电气安装进场前,应开展公司级验收,电气安装相关负责人参与验收,依据并填写电力电缆土建验收交接单,见表 5-1。

表 5-1 ××公司电力电缆土建验收交接单

工程项目名称		验收地点	
验收交接单位		土建施工单位	

验收发现问题:

序号	发现问题(照片另附)	整改意见	复查情况及交接意见
1			
2			
3			
4			
5			
6			
7			

土建负责人承诺: 　本人代表本单位承诺,对于无法开展验收的隐蔽工程内容,若存在有土建施工原因造成的缺陷,由本单位负责整改消缺。 承诺人: 日　期:	交接意见与验收负责人签名: 验收负责人: 日　　期:

电力电缆工程土建交接验收重点检查内容清单见表5-2。

表5-2　　　　　　　电力电缆工程土建交接验收重点检查内容清单

序号	把控项目	工艺与标准规范要求
1	排管	（1）排管口的位置尺寸应符合设计要求。 （2）排管口的位置尺寸应能够给电力电缆电气施工时输送机上下井、输送机布置预留足够的空间位置。★ （3）排管口与工井连接处应平滑过渡，不应有任何毛刺，过渡处宜采用专用的过渡喇叭口。★ （4）土建单位应在交接前完成排管的通管工作，通管应使用同型号的废电力电缆或直径略大于管径的麻袋、棉布等对管道内的杂物进行充分的清理（该项属于隐蔽项，需土建负责人承诺）★
2	工井	（1）各工井井壁应光滑，井壁上外露钢筋头应割除并涂抹防锈漆。★ （2）沟底杂物应清理干净，尤其不能有铁丝、铁钉等尖锐杂物。 （3）沟底应设有集水坑，底面散水坡度应统一指向集水坑，散水坡度宜取0.5%左右，集水坑应设置在井口正下方，其尺寸应能满足排水泵放置要求（接头井为★）。 （4）转弯井的尺寸应能够满足电力电缆敷设弯曲半径的要求★
3	电力电缆沟	（1）电力电缆终端塔下电缆沟位置、尺寸应能满足电力电缆上塔转弯半径的要求。★ （2）电力电缆沟的转弯半径应能够满足电力电缆敷设弯曲半径的要求。★ （3）电力电缆沟应有一定深度，确保电力电缆敷设完成回填后有足够的埋深。 （4）电力电缆沟内杂物应清除干净，沟壁应光滑，不应有毛刺、钢筋头等
4	井内预埋件	（1）各工井、接头井、电力电缆沟内的各种预埋件应符合设计要求。 （2）接头井、终端塔下电力电缆沟内应有独立的接地扁铁。★ （3）各工井内四角应有输送机固定拉锚，拉锚设置不应过高
5	接地箱基础	（1）接地箱基础地脚螺栓尺寸、间距应与接地箱箱底安装尺寸一致。 （2）地脚螺栓应有防锈措施。 （3）接地箱基础位置应符合设计要求。 （4）接地箱布置在接头井一侧时，接地箱与接头井连接的导管孔径应不小于200mm，且导管应倾斜布置，不应成90°转角（如接地箱基础尚未完成，应向土建负责人明确该项施工要求）★
6	隧道、综合管廊	（1）隧道、管廊内每隔一定距离应设置输送机固定拉锚，作为电力电缆敷设时输送机的固定点。★ （2）隧道、管廊内通风、照明、排水设施应正常工作，满足施工需要。★ （3）隧道、管廊尺寸应满足支架安装要求★

注　标★的为关键项，关键项不满足要求的，不予交接。

5.2.2　电力电缆电气安装阶段的工序交接

电力电缆敷设前、敷设过程中应做好质量检查工作，并在敷设后严格落实牵引头外观检查、外护套绝缘试验及核相工作，填写电力电缆敷设施工质量检查表，作为电力电缆敷设与附件安装工序交接的依据，见表5-3。

表 5 - 3 　　　　　　　　　　　　　　　电力电缆敷设施工质量检查表

工程名称：		线路名称：		相位：		
生产厂家：		型号：		盘号：		
敷设段号：		敷设工作负责人：		天气：	温度：	
序号	控制项目	要　　求	检查结果	检查人	日期	
1	电力电缆敷设前 护套绝缘电阻	5000V、15S				
		5000V、60S				
2	电力电缆敷设后 护套绝缘电阻	5000V、15S				
		5000V、60S				
3	电力电缆型号、长度	应符合设计				
4	电力电缆敷设前 电缆外观检查	电力电缆外护套无机械损、无明显变形				
		石墨涂层及表面导电层完好				
		电力电缆牵引头防水密封可靠				
5	电力电缆敷设后 电缆外观检查	电力电缆外护套无明显损伤、无明显变形				
		护套表面石墨层完好、无明显脱落				
		电力电缆牵引头焊面无裂痕、无进水现象				
6	电力电缆路径	应符合设计要求				
7	电力电缆敷设温度	不低于0℃				
8	电力电缆敷设穿孔位置	应符合设计要求				
9	电力电缆敷设后弯曲半径	应大于20D				
10	电力电缆排列	电力电缆排列整齐，不同回路电力电缆应避免叠压，并采用必要的防火隔离				
11	电力电缆固定	应符合设计要求				
12	穿管后孔、洞封堵	用防火堵料封堵，表面平整、严实				
13	标志牌装设	工作井中部、明沟处每30m装设、接头处送电侧装设				
14	防火处理	电力电缆裸露部位采用防火包带或防火涂料				
备注	电力电缆实际长度记录：					
质检员		监理工程师				

　　电力电缆在进所、进仓、上塔前往往需要针对相位布置等技术要点以及 GIS 仓导杆拆装时间节点等事项进行跨专业对接，并填写跨专业工作交接单，确保工作交接准确无误，见表 5 - 4。

表 5 - 4　　　　　　　　　　××公司电力电缆跨专业工作交接单

工程项目名称		工作地点	
交接部门		时间	

验收发现问题：

序号	交　接　事　项	交接时间	交接人（双方）
1	例：就 GIS 终端拆除前 GIS 放气事宜通知变电人员		
2	例：GIS 放气工作已完成，GIS 内工作需在×h 内完成		
3	例：GIS 终端更换工作已完成，可以恢复 GIS 内环境，耐压完成前连杆应拆除		
4	例：GIS 内绝缘环境已恢复，可以进行耐压试验		
5	例：耐压试验已完成，试验结果合格，可以恢复 GIS 连杆		

5.3　输送机敷设电力电缆

5.3.1　基础知识及相关规程

5.3.1.1　高压电力电缆结构

　　高压电力电缆均为单芯结构，如图 5 - 16 所示。交联聚乙烯绝缘电力电缆以其合理的工艺和结构、优良的电气性能和安全可靠的运行特点获得了迅猛的发展，目前高压电力电缆已基本采用交联聚乙烯电力电缆。高压交联聚乙烯绝缘电力电缆导体一般为铝或铜单线规则绞合紧压结构，标称截面为 $800mm^2$ 及以上时为分割导体结构。导体、绝缘屏蔽为挤包的半导电层，标称截面在 $500mm^2$ 及以上的电力电缆导体屏蔽应由半导电包带和挤包半导电层组成。金属屏蔽采用通丝屏蔽或金属套屏蔽结构。外护层采用聚氯乙烯或聚氯乙烯护套料，为了方便外护层绝缘电阻测试，外护层表面应有导电涂层。

导体
导电布带
导体屏蔽层
绝缘层
绝缘屏蔽层
缓冲阻水层
金属护套
防腐层
外护套
半导电层

图 5 - 16　高压电力电缆主要结构

　　（1）导体：电力电缆用来传输电流的载体，是决定电力电缆经济性和可靠性的重要组成部分。66kV 及以上的电力电缆，导体截面小于800mm² 时应采用紧压绞合圆形导体；截面为800mm² 时可任选紧压导体或分割导体结构；1000mm² 及以上截面时应采用分割导体结构。

（2）绝缘层：导体与外界在电气上彼此隔离的主要保护层，它承受工作电压及各种过电压长期作用，因此其耐电强度及长期稳定性能是保证整个电力电缆完成输电任务的最重要部分。在电力电缆使用寿命期间，绝缘层材料具有稳定的以下特性：较高的绝缘电阻和工频、脉冲击穿强度、优良的耐树枝放电和耐局部放电性能、较低的介质损耗角正切值，以及一定的柔软性和机械强度。

（3）屏蔽层：10kV 及以上的电力电缆一般都有导体屏蔽和绝缘屏蔽。

1）导体屏蔽：66kV 及以上电力电缆应采用绕包半导电带加挤包半导电层复合导体屏蔽，且应采用超光滑可交联半导电料。

2）绝缘屏蔽：应为挤包半导电层，并与绝缘紧密结合。绝缘屏蔽表面以及与绝缘层的交界面应均匀、光滑。

高压电力电缆的导体屏蔽、绝缘和绝缘屏蔽应采用三层共挤工艺制造，220kV 及以上电力电缆绝缘线芯宜采用立塔生产线制造。

（4）缓冲阻水层：绝缘屏蔽层外应设计有缓冲层，采用导电性能与绝缘屏蔽相同的半导电弹性材料或半导电阻水膨胀带绕包。

（5）金属护套：应采用铅套、皱纹铝套（常用）、平铝套等金属套起径向不透水阻隔作用。

（6）防腐层：为金属护套外表面所附着的沥青，起金属防腐作用。

（7）外护套：材质以聚乙烯、聚氯乙烯、橡胶等较为常见，电力电缆厂家在生产电力电缆时可结合电力电缆的用途添加阻燃剂等材料，使电力电缆具有阻燃、耐火、低烟无卤等性能。

（8）半导电层：为在电力电缆外护套表面的石墨层，起到在外护套耐压试验中充当电极的作用。

5.3.1.2　电力电缆敷设方式

电力电缆线路敷设方式应根据所在地区的环境地埋条件、敷设电力电缆用途、供电方式、投资情况而定，可采用隧道敷设、排管敷设、电力电缆沟敷设、直埋敷设、桥架桥梁敷设、综合管廊敷设等一种或多种敷设方式，其中前3种较为常用。

1. 隧道敷设

容纳电力电缆数量较多、有供安装和巡视的通道、全封闭的电力电缆构筑物为电力电缆隧道。将电力电缆敷设于预先建设好的隧道中的安装方法，称为电力电缆隧道敷设。

电力电缆隧道应具有照明、排水装置，并采用自然通风和机械通风相结合的通风方式。隧道内还应具有烟雾报警、自动灭火、灭火箱、消防栓等消防设备。电力电缆敷设于隧道中，消除了外力损坏的可能性，对电力电缆的安全运行十分有利，但是隧道的建设投资较大，建设周期较长。

2．排管敷设

将电力电缆敷设于预先建设好的地下排管中的安装方法，称为电力电缆排管敷设。电力电缆排管敷设保护电力电缆效果比直埋敷设好，电力电缆不容易受到外部机械损伤，占用空间小，且运行可靠，但电力电缆排管敷设施工较为复杂，敷设和更换电力电缆不方便，散热差，影响电力电缆载流量，故障查找维修困难。

3．电力电缆沟敷设

封闭式不通行、盖板与地面相齐或稍有上下、盖板可开启的混凝土构筑物形式称为电力电缆沟。将电力电缆敷设于预先建设好的电力电缆沟中的安装方法，称为电力电缆沟敷设。

5.3.1.3　相关规程

（1）《额定电压 66kV～220kV 交联聚乙烯绝缘电力电缆敷设规程 第 2 部分：排管敷设》（DL/T 5744.2—2016）。

（2）《额定电压 66kV～220kV 交联聚乙烯绝缘电力电缆敷设规程 第 3 部分：隧道敷设》（DL/T 5744.3—2016）。

（3）《电气装置安装工程质量检验及评定规程 第 5 部分：电缆线路施工质量检验》（DL/T 5161.5—2018）。

（4）《电气装置安装工程 电缆线路施工及验收标准》（GB 50168—2018）。

（5）《国家电网有限公司输变电工程质量通病防治手册（2020 年版）》国家电网有限公司基建部，北京：中国电力出版社。

5.3.2　施工前准备及现场踏勘

电力电缆敷设前应组织现场踏勘，对现场环境及土建质量进行检查记录。

5.3.2.1　土建质量检查要点

为防止电力电缆敷设过程中因土建质量问题造成电力电缆损伤，敷设前电力电缆土建应满足以下要求：

（1）排管位置尺寸应符合设计要求。

（2）排管距剪力墙距离尺寸应能够给电力电缆输送机布置预留足够的空间位置，能够使输送机轴线对准管口。

（3）排管口至工井应平滑过渡，不应有任何毛刺，过渡处宜采用 PVC 材质专用喇叭口。

（4）各工井井壁应光滑，特别是转弯井内壁，井壁上外露钢筋头应割除并涂抹防锈漆。

（5）沟底杂物应清理干净，尤其不能有铁丝、铁钉等尖锐杂物。

（6）沟底、接头井底应设有集水坑，底面散水坡度应统一指向集水坑，散水坡度宜取 0.5％左右，集水坑应设置在井口正下方，其尺寸应能满足排水泵放置要求。

（7）转弯井的尺寸应能够满足电力电缆敷设弯曲半径的要求。

（8）电力电缆终端塔下电力电缆沟位置、尺寸应能够满足电力电缆上塔转弯半径的要求。

（9）各工井、接头井、电力电缆沟内的各种预埋件应符合设计要求。

（10）接头井、终端塔下电力电缆沟内应有独立的接地扁铁。

（11）各工井内四角应有输送机固定拉锚，拉锚设置不应过高。

（12）接地箱预埋件与接地箱本体同厂，满足安装要求。

（13）接地箱地脚螺栓完好，无变形，无严重锈蚀。

（14）接地箱基础位置应符合设计与电气施工要求。

（15）接地箱布置在接头井侧边时，接地箱与接头井连接的导管孔径应不小于200mm，且导管应倾斜布置，不应形成90°转角。

（16）隧道内通风、照明、排水设施应正常工作，满足施工需要。

5.3.2.2 现场踏勘要点

（1）查看电力电缆线路的全线走向。

（2）记录各接头井、转弯井、顶管段位置，并检查各工井间的距离是否满足敷设要求。

（3）查看各处接头井、终端塔道路是否满足货物运输条件和流动起重机进场条件。

（4）查看各处接头井、终端塔周围带电线路情况，是否满足施工吊装条件。

（5）查看各接头井、终端塔处是否有满足要求的机动绞磨布置点。

（6）查看各接头井、终端塔周围路面是否坚实平坦，是否满足电力电缆盘摆放和架设条件。

（7）查看沿线周围道路、交通、绿化、作物等情况，是否涉及占道或政策处理问题。

（8）查看各工作面处是否存在交叉作业情况。

（9）查看各工井、接头井的封闭情况，是否构成有限空间，是否需要强制通风。

（10）查看各工井内的正常水位和渗水情况。

（11）根据踏勘情况初步确定电力电缆盘放置位置、电力电缆敷设方向、沿线输送机、滑轮布置方案。

5.3.3 输送机及工器具选择与分析计算

5.3.3.1 电力电缆敷设常用工器具

（1）电力电缆输送机：一种用于敷设电力电缆的电动机械，常采用双履带驱动，满足弹性夹握电力电缆工况条件，使输送力沿轴向方向作用在电力电缆的外护层柱面上。输送机配备有完整的电气控制设备，包括总控制箱、分控制箱、电源线及控制线，以确保每台输送机同步输送。现场可根据输送电力电缆的直径以及需要的额定输送力参考设备厂家提供的参数来选择输送机型号，110kV 电力电缆敷设常选用 JSD-5 型输送机，220kV 电力电缆敷设常选用 JSD-8 型输送机。

（2）机动绞磨/同步牵引机：用于电力电缆端部辅助牵引，一般配合输送机使用。

（3）线盘提升机：包括放线架、钢轴、千斤顶，用于电力电缆线盘提升，需要根据电力电缆盘毛重确定放线架、千斤顶吨位，根据电力电缆盘宽度确定钢轴长度。

（4）直线滑车：用于电力电缆直线敷设过程中，使电力电缆与地面隔离，起到保护电力电缆外护套和降低摩擦系数的作用。

（5）转角滑车：用于电力电缆转弯敷设，使电力电缆与地面、转角井内壁隔离，起到保护电力电缆外护套、引导电力电缆转弯敷设和降低摩擦系数的作用。

（6）管口滑车：用于电力电缆排管敷设管口处，避免电力电缆与管口发生滑动摩擦。

（7）长滑车、高脚滑车：常用于电力电缆引出处，避免电力电缆与地面发生滑动摩擦，同时不易倾倒。

5.3.3.2 敷设受力计算

敷设电力电缆前，施工人员对于电力电缆敷设过程中将要受到的牵引力及侧压力应当有一个分析计算，以便安排合适的牵引敷设工具以及人工分配。电力电缆的牵引力计算一般假定电力电缆的牵引速度不变，以敷设过程中电力电缆与管道、滑轮间摩擦力在电力电缆长度上的累加来计算牵引力。

1. 水平直线牵引力

在平直的敷设环境下，电力电缆与摩擦面之间的压力主要为电力电缆质量带来的重力，牵引力与电力电缆质量和摩擦系数成正比，即

$$T = 9.8\mu WL \tag{5-1}$$

式中　T——牵引力；

　　　μ——摩擦因数；

　　　W——单位长度电力电缆质量；

　　　L——水平支线电力电缆长度。

2. 转角侧压力

在电力电缆敷设过弯时，电力电缆弯曲内侧会受到一个向外的侧压力，侧压力与牵引力成正比，与弯曲半径成反比，即

$$P = \frac{T}{R} \tag{5-2}$$

式中　P——侧压力，N/m；

　　　T——牵引力，N；

　　　R——弯曲半径，m。

3. 水平弯曲牵引力

$$T_2 = T_1 \mathrm{e}^{\mu\theta} \tag{5-3}$$

式中　T_2——过弯后牵引力，N；

　　　T_1——过弯前牵引力，N；

　　　e——自然对数；

　　　μ——摩擦因数。

4. 倾斜直线牵引力

$$T_1 = 9.8WL(\mu\cos\theta_1 + \sin\theta_1) \tag{5-4}$$

5. 垂直弯曲牵引力

(1) 凸曲面。

$$T_2 = \frac{9.8WR\left[(1-\mu^2)\sin\theta + 2\mu(\mathrm{e}^{\mu\theta} - \cos\theta)\right]}{1+\omega^2} + t_1\mathrm{e}^{\mu\theta} \tag{5-5}$$

$$T_2 = \frac{9.8WR\left[2\mu\sin\theta + (1-\mu^2)(\mathrm{e}^{\mu\theta} - \cos\theta)\right]}{1+\omega^2} + t_1\mathrm{e}^{\mu\theta} \tag{5-6}$$

(2) 凹曲面。

$$T_2 = T_1\mathrm{e}^{\mu\theta} - \frac{9.8WR\left[(1-\mu^2)\sin\theta + 2\mu(\mathrm{e}^{\mu\theta} - \cos\theta)\right]}{1+\mu^2} \tag{5-7}$$

$$T_2 = T_1\mathrm{e}^{\mu\theta} - \frac{9.8WR\left[2\sin\theta + (1+\mu^2)/\mu(\mathrm{e}^{\mu\theta} - \cos\theta)\right]}{1+\mu^2} \tag{5-8}$$

式中　μ——摩擦系数；

　　　W——电力电缆每米重量，kg/m；

　　　R——电力电缆弯曲时的半径，m。

6. 电力电缆敷设允许最大机械强度

(1) 用机械敷设电力电缆时的最大牵引强度宜符合表 5-5 的规定。

表 5-5　　　　　　　　　　　电力电缆敷设允许最大牵引强度

牵引方式	牵引头/(N/mm²)		钢丝网套/(N/mm²)		
受力部位	铜芯	铝芯	铅套	铝套	塑料护套
允许牵引强度	70	40	10	40	7

（2）110kV 及以上电力电缆敷设时，转弯处的侧压力应符合制造厂的规定；无规定时，不应大于 3N/m。

7. 各种牵引件下的摩擦系数

各种牵引条件下的摩擦系数见表 5－6。

表 5－6　　　　　　　　　　各种牵引条件下的摩擦系数

牵　引　件	摩擦系数	牵　引　件	摩擦系数
钢管内	0.17～0.19	混凝土管，有水	0.2～0.4
塑料管内	0.4	滚轮上牵引	0.1～0.2
混凝土管，无润滑剂	0.5～0.7	砂中牵引	1.5～3.5
混凝土管，有润滑剂	0.3～0.4		

注　混凝土管包括石棉水泥管。

8. 分析案例

一根 110kV 单芯 800mm² 铜芯电力电缆，电力电缆单位长度质量 15kg/m，全长 480m，通过 PVC 排管及 MPP 拖拉管敷设（摩擦系数取 0.4），引出段及转角井借助滑车敷设（摩擦系数取 0.2），水平路径走向及工井分布如图 5－17 所示（考虑接头井 A、B 内各留 15m），两处电力电缆转角井最小转弯半径为 2m，路径在垂直方向上的起伏造成的影响忽略不计，电力电缆端部采用牵引头牵引敷设，电力电缆引出点及各处工井内可布置 SDJ－5 型输送机（最大额定出力 5000N），请对敷设方案进行规划并分析过程受力情况（要求将最大牵引力及侧压力控制在容许范围内，并使输送机布置工作量尽可能小）。

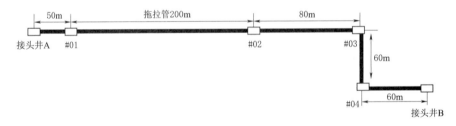

图 5－17　电力电缆水平路径走向及工井分布

首先初步考虑在电力电缆盘引出点及各处工井内均布置一台输送机，将牵引力尽可能地分散至各工井内，使端部受力及转角处侧压力尽可能小，就 A 向 B 敷设和 B 向 A 敷设两种方案进行受力分析探讨。

（1）方案一：接头井 A 向接头井 B 敷设，如图 5－18 所示。

电力电缆盘布置在接头井 A 处，由于场地情况未知，引出点至♯A 管口暂按 20m 计算。

1）计算电力电缆容许最大牵引力，为

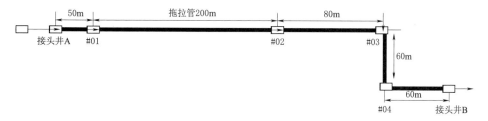

图 5-18 接头井 A 向接头井 B 敷设

$$T_{许} = S \times \Delta T_{铜} = 800 \times 70 = 56000(N)$$

2）计算接头井 A 大号侧电力电缆牵引力。引出点至♯A 管口 20m 借助地滑车敷设，并布置一台电力电缆输送机，则电力电缆敷设至♯A 大号侧管口时端部所受牵引力为

$$T_A = 9.8\mu W L_A - F_{输}$$
$$= 9.8 \times 0.2 \times 15 \times 20 - 5000 = -4412(N)$$

此时该处输送机出力剩余出力 4412N，电力电缆端部实际不受牵引力作用。

3）计算工井 01 大号侧电力电缆牵引力。♯A 至♯01 通过 50m 排管敷设，并在♯01 内布置一台电力电缆输送机，则电力电缆敷设至♯01 大号侧管口时端部所受牵引力为

$$T_{01} = T_A + 9.8\mu W L_{A-01} - F_{输}$$
$$= -4412 + 9.8 \times 0.4 \times 15 \times 50 - 5000 = -6472(N)$$

此时两处输送机剩余出力 6472N，电力电缆端部实际不受牵引力作用。

4）计算工井 02 大号侧电力电缆牵引力。♯01 至♯02 通过 200m 拖拉管敷设，并在♯02 内布置一台电力电缆输送机，则电力电缆敷设至♯02 大号侧管口时端部所受牵引力为

$$T_{02} = T_{01} + 9.8\mu W L_{01-02} - F_{输}$$
$$= -6472 + 9.8 \times 0.4 \times 15 \times 200 - 5000 = 288(N)$$

此时 3 台输送机全部以最大额定出力运行，同时电力电缆端部受到牵引力 288N。

5）计算工井 03 小号侧电力电缆牵引力。♯02 至♯03 通过 80m 排管敷设，则电力电缆敷设至♯03 小号侧管口时端部所受牵引力为

$$T_{03} = T_{02} + 9.8\mu W L_{02-03}$$
$$= 288 + 9.8 \times 0.4 \times 15 \times 80 = 4992(N)$$

6）计算工井 03 大号侧电力电缆牵引力。♯03 为 90°转角井，转角井内通过滑车辅助敷设，同时则♯03 转弯敷设过程中所受最大牵引力为

$$T'_{03转} = T_{03}e^{\mu\theta} = 4992 \times e^{0.2 \times \frac{\pi}{2}} = 6834.6(N)$$

在转角完成后布置一台输送机，敷设至♯03 大号侧管口处时电力电缆所受牵引

力为

$$T'_{03} = T_{03转} - F_输 = 6834.6 - 5000 = 1834.6(N)$$

7）计算工井 03 内最大侧压力。电力电缆在♯03 内转弯敷设时所受最大牵引力为 $T_{03转}$，最小转弯半径为 2m，则♯03 内电力电缆所受最大侧压力为

$$P = \frac{T_{03转}}{R} = \frac{6834.6}{2} = 3417.3(N/m) > 3000(N/m)$$

因此该处电力电缆按弯曲半径 2m 敷设所受最大侧压力将会超过容许值，不能满足敷设要求，需要通过限制措施将弯曲半径控制在 2.3m 以上，将侧压力控制在 3000N/m 内，若转角井内空间有限，则需在小号侧加布一台输送机以进一步减小该井内的受力。

8）计算工井 04 小号侧电力电缆牵引力。♯03 至♯04 通过 60m 排管敷设，则电力电缆敷设至♯04 小号侧管口时端部所受牵引力为

$$T_{04} = T'_{03} + 9.8\mu WL_{03-04}$$
$$= 1834.6 + 9.8 \times 0.4 \times 15 \times 60 = 5362.6(N)$$

9）计算工井 04 大号侧电力电缆牵引力。♯04 为 90°转角井，转角井内通过滑车辅助敷设，同时则♯04 转弯敷设过程中所受最大牵引力为

$$T_{04转} = T_{04}e^{\mu\theta} = 5362.6 \times e^{0.2 \times \frac{\pi}{2}} = 7342.0(N)$$

在转角完成后布置一台输送机，敷设至♯04 大号侧管口处时电力电缆所受牵引力为

$$T'_{04} = T_{04转} - F_输 = 7342.0 - 5000 = 2342.0(N)$$

10）计算工井 04 内最大侧压力。电力电缆在♯04 内转弯敷设时所受最大牵引力为 $T_{04转}$，最小转弯半径为 2m，则♯04 内电力电缆所受最大侧压力为

$$P = \frac{T_{04转}}{R} = \frac{7342}{2} = 3671(N/m) > 3000(N/m)$$

因此该处电力电缆按弯曲半径 2m 敷设所受最大侧压力将会超过容许值，不能满足敷设要求，需要通过限制措施将弯曲半径控制在 2.5m 以上，将侧压力控制在 3000N/m 内，若转角井内空间有限，则需在小号侧加布一台输送机以进一步减小该井内的受力。

11）计算接头井 B 电力电缆牵出最大牵引力。♯04 至♯B 通过 60m 排管敷设，电力电缆在通过该段排管并牵出接头井 B 管口 10m 时（此时接头井 A 处电力电缆盘上电力电缆全部引出）牵引力最大，最大牵引力为

$$T_B = T'_{04} + 9.8\mu WL_{04-B}$$
$$= 2342 + 9.8 \times 0.4 \times 15 \times 60 = 5780(N)$$

（2）方案二：接头井 B 向接头井 A 敷设，如图 5-19 所示。

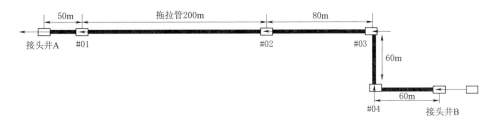

图 5 - 19　接头井 B 向接头井 A 敷设

电力电缆盘布置在接头井 B 处，由于场地情况未知，引出点至♯B 管口暂按 20m 计算。

1）计算电力电缆容许最大牵引力为

$$T_{许} = S \times \Delta T_{铜} = 800 \times 70 = 56000(\mathrm{N})$$

2）计算接头井 B 小号侧电力电缆牵引力。引出点至♯A 管口 20m 借助地滑车敷设，并布置一台电力电缆输送机，则电力电缆敷设至♯B 小号侧管口时端部所受牵引力为

$$T_{B} = 9.8\mu W L_{B} - F_{输}$$
$$= 9.8 \times 0.2 \times 15 \times 20 - 5000 = -4412(\mathrm{N})$$

此时该处输送机剩余出力 4412N，电力电缆端部实际不受牵引力作用。

3）计算工井 04 大号侧电力电缆牵引力。♯B 至♯04 通过 60m 排管敷设，则电力电缆敷设至♯04 大号侧管口时端部所受牵引力为

$$T_{04} = T_{B} + 9.8\mu W L_{B-04}$$
$$= -4412 + 9.8 \times 0.4 \times 15 \times 60 = -884(\mathrm{N})$$

此时♯B 输送机剩余出力 884N，电力电缆敷设至♯04 处时端部实际不受牵引力作用，因此该井内电力电缆转弯敷设时收到的侧向压力理论值为 0，同时♯04 内可不布置输送机。

4）计算工井 03 大号侧电力电缆牵引力。♯04 至♯03 通过 60m 排管敷设，则电力电缆敷设至♯03 大号侧管口时端部所受牵引力为

$$T_{03} = T_{04} + 9.8\mu W L_{04-03}$$
$$= -884 + 9.8 \times 0.4 \times 15 \times 60 = 2644(\mathrm{N})$$

此时♯B 处输送机以额定最大出力运行，同时电力电缆端部受牵引力 2644N。

5）计算工井 03 小号侧电力电缆牵引力。♯03 为 90°转角井，转角井内通过滑车辅助敷设，同时则♯03 转弯敷设过程中所受最大牵引力为

$$T_{03转} = T_{03}\mathrm{e}^{\mu\theta} = 2644 \times \mathrm{e}^{0.2 \times \frac{\pi}{2}} = 3619.9(\mathrm{N})$$

在转角完成后布置一台输送机，敷设至♯03 小号侧管口处时电力电缆所受牵引力为

$$T'_{03} = T_{03转} - F_输 = 3619.9 - 5000 = -1380.1(N)$$

电力电缆进入♯03输送机后，♯B及♯03输送机共剩余出力1380.1N，电力电缆端部实际不再受牵引力作用。

6）计算工井03内最大侧压力。电力电缆在♯03内转弯敷设时所受最大牵引力为$T_{03转}$，最小转弯半径为2m，则♯03内电力电缆所受最大侧压力为

$$P = \frac{T_{03转}}{R} = \frac{3619.9}{2} = 1810.0(N/m) < 3000(N/m)$$

满足侧压力要求。

7）计算工井02小号侧电力电缆牵引力。♯03至♯02通过80m排管敷设，并在♯02内布置一台电力电缆输送机，则电力电缆敷设至♯02大号侧管口时端部所受牵引力为

$$T_{02} = T'_{03} + 9.8\mu W L_{03-02} - F_输$$
$$= -1380.1 + 9.8 \times 0.4 \times 15 \times 80 - 5000 = -1676.1(N)$$

此时3台输送机剩余出力1676.1N，电力电缆端部实际受到牵引力为0N。

8）计算工井01小号侧电力电缆牵引力。♯02至♯01通过200m拖拉管敷设，并在♯01内布置一台电力电缆输送机，则电力电缆敷设至♯01小号侧管口时端部所受牵引力为

$$T_{01} = T_{02} + 9.8\mu W L_{02-01} - F_输$$
$$= -1676.1 + 9.8 \times 0.4 \times 15 \times 200 - 5000 = 5083.9(N)$$

此时4台输送机全部以额定最大出力运行，同时电力电缆端部受到牵引力5083.9N。

9）计算接头井A电力电缆牵出最大牵引力。♯01至♯A通过50m排管敷设，电力电缆在通过该段排管并牵出接头井A管口10m时（此时接头井B处电力电缆盘上电力电缆全部引出）牵引力最大，最大牵引力为

$$T_A = T_{01} + 9.8\mu W L_{01-A}$$
$$= 5083.9 + 9.8 \times 0.4 \times 15 \times 50 = 8023.9(N)$$

综合分析：按方案一敷设本段电力电缆至少需要布置5台电力电缆输送机，且03工井和04工井内还需有扩大电力电缆弯曲敷设半径的措施，否则还需增设输送机数量，以确保该两处工井在牵引过弯时侧压力能控制在3kN/m的要求内；而按方案二敷设仅需布置4台电力电缆输送机就可使敷设过程中全线电力电缆的牵引力和侧向压力控制在规程规定的范围内。因此在场地条件允许的情况下应尽可能选择接头井B向接头井A的方向进行电力电缆敷设。

5.3.4 电力电缆敷设前准备及机具布置

电力电缆敷设前准备工作及机具布置要点如下。

1. 敷设环境复查

（1）电力电缆敷设前 24h 内的平均温度以及敷设现场的温度不应低于表 5-7 的规定。

表 5-7　　　　　　　　　　　　电力电缆允许敷设最低温度

电力电缆类型	电力电缆结构	允许敷设最低温度/℃
充油电力电缆	—	-10
橡皮绝缘电力电缆	橡皮或聚氯乙烯护套	-15
	铅护套钢带铠装	-7
塑料绝缘电力电缆	—	0
控制电力电缆	耐寒护套	-20
	橡皮绝缘聚氯乙烯护套	-15
	聚氯乙烯绝缘聚氯乙烯护套	-10

（2）检查各工井、电力电缆沟、电力电缆隧道内有无影响电力电缆敷设的杂物、淤泥、积水等。

（3）对于排管敷设的电力电缆，应使用直径略大于管径的麻袋、棉布等对管道内的杂物进行充分的检查和清理。

（4）排管口的平滑过渡情况检查。

2. 人员就位

（1）电力电缆引出处至少安排一人负责检查引出电力电缆是否完好并调节线盘转速。

（2）每台输送机处安排一人负责检查该处电力电缆是否完好并操作分控箱。

（3）总控箱处安排专人负责操作。

（4）电力电缆入管口时应有 2～3 人负责配合调整。

（5）电力电缆转弯处应适当增设人员监视电力电缆弯曲半径和敷设状态。

3. 机具布置

（1）每个工作井内应布置一台输送机，输送机应调整好位置和高度，用拉绳进行可靠固定，尽量靠近并对准工井进线口。

（2）电力电缆沟内每隔 2～3m 应布置一台直线滑轮，转弯处应布置转弯滑轮，管口处应布置管口滑轮，电力电缆与沟体接触摩擦部位应加衬垫保护。

（3）机动绞磨应按规范使用地锚桩固定，牵引时应合理选择绞磨出力，避免过快牵引或出力过大。

（4）每个作业点人员均应配备对讲机等通信设备，通信设备在使用前应经调试无误，确保通信畅通。

（5）机具布置完毕后应进行整体调试，检查各点输送机转向、转速、起停的同步情况。

5.3.5　施工过程

电力电缆敷设施工过程如图 5-20 所示。

5.3.6　施工要点

1. 开盘检查

（1）线盘架设点应选择坚实平坦的地面，不满足要求时应加垫钢板、道木等增加受力面积。

（2）电力电缆开盘后进行外观检查，观察电力电缆外表面有无破损、起泡、鼓包、变形等异常情况。检查电力电缆牵引头牢固情况，端部密封是否完好无损。

（3）进行电力电缆敷设前外护套绝缘电阻测试。

2. 电力电缆牵引入井

（1）电力电缆应从电力电缆盘上方

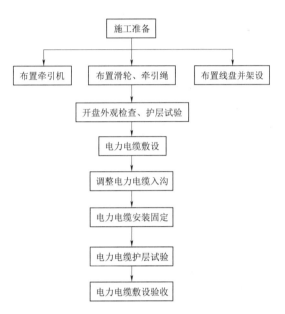

图 5-20　电力电缆敷设施工过程

引出，牵引过程中电力电缆不得落地，在可能落地处应有保护措施。

（2）电力电缆盘处应有专人检查引出电力电缆的外观质量，如有问题应立即停止敷设。

（3）牵引入井过程中如涉及转弯，应按牵引路径布置好输送机和滑轮，滑轮应有防倾倒的措施。

（4）电力电缆入井处应注意防止电力电缆与井边发生剐蹭，可能发生剐蹭处应垫滑轮。

（5）竖直投料口或有大转角处应用钢管搭设投料导引架进行辅助敷设。

3. 电力电缆敷设

（1）电力电缆在排管敷设时，应事先根据设计图纸明确各管口的电力电缆相位布置情况。

（2）敷设过程中，各作业点人员应配齐通信设备，确保敷设过程中通信畅通、步调一致。

（3）排管敷设时，应尽可能采用输送机敷设，以减少敷设过程中电力电缆本体上的牵引力和侧压力；在遇到较长顶管段、输送机出力无法满足敷设要求时可使用机动绞磨辅助牵引。

（4）机械敷设电力电缆的速度不宜超过 15m/min，110kV 及以上电力电缆或在较复杂路径上敷设时，其速度应适当放慢。

（5）110kV 及以上电力电缆敷设时，转弯处的侧压力应符合产品技术文件的要求，无要求时不应大于 3kN/m。

（6）敷设过程中电力电缆最小弯曲半径应符合表 5-8 的规定。

表 5-8 电力电缆最小弯曲半径

电 力 电 缆 型 式		多芯	单芯
控制电力电缆	非铠装型、屏蔽型软电力电缆	6D	—
	铠装型、铜屏蔽型	12D	
	其他	10D	
橡皮绝缘电力电缆	无铅包、钢铠护套	10D	
	裸铅包护套	15D	
	铜铠护套	20D	
塑料绝缘电力电缆	无铠装	15D	20D
	有铠装	12D	15D
自容式充油（铅包）电力电缆		—	20D
0.6kV/1kV 铝合金导体电力电缆		7D	

（7）隧道内进行电力电缆敷设时，应将隧道内照明通风系统开启，并复查通信设备是否能够正常工作。

（8）隧道内宜全线采用输送机输送敷设。

（9）敷设过程中，每个工作井内都应设专人检查电力电缆的敷设质量，如有问题应立即停止敷设，待排除问题后方可继续。

（10）电力电缆敷设完毕后应进行外护套绝缘电阻试验。

4. 电力电缆上架及固定

（1）电力电缆上架过程中应防止电力电缆与支架发生磕碰，损伤电力电缆。

（2）电力电缆在支架上的相位排列应按设计图纸进行确定。

（3）接头井内电力电缆在接头两侧应有两处刚性固定，其余处可采用挠性夹具固定。

（4）电力电缆隧道、管廊内电力电缆有蛇形敷设要求时，应全线进行蛇形固定消除热应力，蛇形弧度大小应满足设计要求。

（5）电力电缆固定还应符合下列规定：

1）垂直敷设或超过 30°倾斜敷设的电力电缆在每个支架上应固定牢固。

2）水平敷设的电力电缆，在电力电缆首末两端及转弯、电力电缆接头的两端处应固定牢固；当对电力电缆间距有要求时，每隔 5～10m 处应固定牢固。

3）单芯电力电缆的固定应符合设计要求。

4）交流系统的单芯电力电缆或三芯电力电缆分相后，固定夹具不得构成闭合磁路，宜采用非铁磁性材料。

5．电力电缆敷设上塔

（1）电力电缆上塔前应首先核对电力电缆相位和电力电缆长度，电力电缆长度应能够满足电力电缆附件安装与余缆沟内电力电缆布置的要求。

（2）电力电缆上塔应使用专用吊带绑扎电力电缆，吊带应有足够强度，绑扎点应牢固可靠。

（3）电力电缆起升时，应先检查吊带是否绑紧，与电力电缆之间有无滑动，无误后方可继续起升上塔。

（4）上塔过程中应注意防止电力电缆与塔材间发生摩擦，同时位于地面的电力电缆也应做好防护。

（5）上塔过程中应注意电力电缆的弯曲半径不应过小。

（6）电力电缆上塔到位后，应立即用刚固夹具将电力电缆自上而下可靠固定，塔上刚固夹具的间距不应大于 2m。

5.3.7　工艺标准

电力电缆敷设施工质量标准执行《国家电网公司输变电工程施工工艺管理办法》，全面应用"标准工艺"（包括："一、施工工艺示范手册""二、施工工艺示范光盘""三、工艺标准库""四、典型施工方法"），见表 5-9 和表 5-10。

表 5-9　　　　　　　　　　电力电缆敷设施工质量标准工艺

序　号	工　艺　名　称	工　艺　标　准　号
1	支架安装	0301030302
2	电力电缆穿管敷设	0302010201
3	电力电缆支持及固定	0302010302
4	电力电缆登塔/引上敷设	0302010401
5	电力电缆保护管安装	0302010402
6	防火包带	0302030101
7	防火封堵	0302030102
8	指示牌	0302050101
9	指示桩	0302050102
10	铭牌	0302050105

电力电缆敷设施工质量工艺标准及施工要点

表 5 – 10

工艺编号	工艺名称	工艺标准	施工要点	预期成品图片示例
0301030302	支架安装	(1) 电力电缆支架层间垂直距离，应保证电力电缆方便地敷设和固定。 (2) 在同层支架更换或增设电力电缆时，应充分考虑更换或增设电力电缆的可能。 (3) 采用型钢制作的支架应取防腐处理，并与接地线良好连接。 (4) 支架若采用复合材料，应满足相关的要求。 (5) 电力电缆支架应排列整齐，横平竖直	(1) 支架安装前应画线定位，保证排列整齐、横平竖直。 (2) 构件之间的焊缝应满焊，并且焊缝高度应满足设计要求。 (3) 相关构件在焊接和安装后，应进行相应的防腐处理。 (4) 支架、吊架必须采用接地扁铁环通。接地扁铁的规格应符合设计要求	0301030302－支架安装成品
0302010201	电力电缆穿管敷设	(1) 排管顶部土壤覆盖深度不宜小于0.7m，考虑其他管道通过或通过路顶部土覆盖深度最小不宜小于0.5m。 (2) 交流单芯电力电缆应采用非导磁材料。 (3) 电力电缆用的管径宜符合：$D \geqslant 1.5d$（D为管子内径，mm；d为电力电缆外径，mm）。 (4) 电力电缆敷设时，电力电缆所经过的牵引力、侧压力和弯曲半径应控制在允许范围内。 (5) 在电力电缆牵引头、过路管口、转弯处以及可能造成电力电缆损伤的地方应采取保护措施。 (6) 110kV及以上电力电缆敷设时，转弯处的侧压力不应大于3kN/m	(1) 排管建成后及敷设电力电缆前，对电力电缆敷设所到的每一孔排管管道都应用相应规格的疏通工具进行双向疏通。 (2) 清除排管内壁的尖刺和杂物，防止敷设时损伤电力电缆。 (3) 疏通检查中如有疑问时，应用管道内窥镜进行探测、排除疑问后才能使用。 (4) 电力井内转角处及工井口及工井内转角处搭建放线架，将电力电缆盘、放线机、滚轮等布置在适当的位置，电力电缆盘应有刹车装置。 (5) 在电力电缆敷设前、电力电缆敷设制作牵引头、电力电缆盘以及可能造成电力电缆损伤的地方应采取保护措施；有专人监护并保持通信畅通。 (6) 电力电缆敷设后，按设计要求将电力电缆固定在电力支架上，并将排管口封堵好	0302010201－电力电缆穿管敷设成品

续表

工艺编号	工艺名称	工艺标准	施工要点	预期成品图片示例
0302010302	电力电缆支持及固定	(1) 金属制的电力电缆支架应采取防腐措施。电力电缆支架表面光滑、无尖角和毛刺。 (2) 在终端、接头或转弯处紧邻部位的电力电缆上，应有不少于一处的刚性固定。 (3) 在垂直或斜坡上的高位端，刚性固定不宜少于两处。 (4) 夹头/绑扎电力电缆用的绳索强度应能承受受绑的单芯电力电缆最大短路电流时所产生的电动力要求。 (5) 单芯电力电缆夹具应采用非导磁材料	(1) 电力电缆敷设完毕后，应根据设计要求将电力电缆固定在电力电缆支架上。 (2) 当隧道（工井）内的电力电缆在转弯处无法固定在托架上时，应间隔 1～1.5m 将电力电缆用专用夹具悬吊固定。 (3) 电力电缆沟内的电力电缆在转弯处或无法固定在托架上时，应制作专用的支架或壁沟作托架。 (4) 单芯电力电缆的夹具一般采用两半组合结构，顶住两侧沟壁。 (5) 电力电缆和夹具之间应采用非导磁性衬垫。 (6) 沿桥梁敷设电力电缆需在夹具间加弹性材料	0302010302－电力电缆支持及固定成品
0302010401	电力电缆登塔、引上敷设	(1) 电力电缆登杆（塔）应设置电力电缆终端支架（或平台）、避雷器、接地箱及接地引下线。终端支架的定位尺寸应满足各相导体对接地部分和相间距离，带电检修应符合全距离。 (2) 电力电缆敷设时最小弯曲半径应符合规定。 (3) 单芯电力电缆应采用非导磁性材料制成的夹具。登塔电力电缆开档一般不大于1.5m	(1) 需要登塔、引上敷设的电力电缆、在引上敷设的高度留有足够的余线，余线不能打圈。 (2) 单芯电力电缆的夹具一般采用两半组合结构，并采用非导磁性材料	0302010401－电力电缆登塔、引上敷设成品

续表

工艺编号	工艺名称	工 艺 标 准	施 工 要 点	预期成品图片示例
0302010402	电力电缆保护管安装	（1）在电力电缆登杆（塔）处，凡露出地面部分的电力电缆应套人具有一定机械强度的保护管加以保护。 （2）露出地面的保护管总长不应小于2.5m，埋入非混凝土地面的深度不应小于100mm。 （3）单芯电力电缆应采用非磁性材料制成的保护管。 （4）保护管埋地部分应满足电力电缆弯曲半径的要求。 （5）保护管上口应做好密封处理。 （6）保护管应做好防盗措施	（1）35kV及以上电力电缆保护管宜采用哈夫管。 （2）金属保护管断口处不得因切割造成锋利切口，不得将切割过程中产生的金属残留于管内。 （3）保护管上口用防火材料做好密封处理。 （4）保护管固定螺丝应拧紧打毛或采取其他防盗措施	 0302010402-电力电缆保护管安装成品
0302030101	防火包带	（1）非阻燃电力电缆用于明敷时，可在电力电缆上绕设防火包带。 （2）在接头近两侧电缆各2～3m段和该范围内敷设的其他电力电缆上，宜采用防火包带实施阻止延燃	（1）使用前将电力电缆表面油污尘土等清洁干净。 （2）包带采取半搭盖方式绕包，包带要求紧密地覆盖在电力电缆上	 0302030101-电力电缆防火包带安装成品

续表

工艺编号	工艺名称	工艺标准	施工要点	预期成品图片示例
0302030102	防火封堵	(1) 当贯穿孔口直径大于150mm时，应采用无机堵料防火灰泥，或采用有机堵料如防火泥、防火密封胶、防火泡沫或防火塞等封堵。 (2) 当贯穿孔口直径大于150mm时，应采用无机堵料防火灰泥，或采用有机堵料如防火发泡砖、矿棉板或防火板，并辅以有机堵料防火密封胶或防火泥。 (3) 当电力电缆束贯穿轻质防火分隔墙体时，其贯穿孔口不宜采用无机堵料防火灰泥封堵。 (4) 防火墙及盘柜底部封堵、防火隔板厚度不宜少于10mm	(1) 施工时将有机防火堵料密实嵌于需封堵的孔隙中，应包裹均匀密实。 (2) 用隔板与有机防火堵料配合封堵时，有时防火堵料应略高于隔板。高出部分宜形状规则。 (3) 电力电缆预留孔和电力电缆保护管两端口用有机堵料封堵严实。填料嵌入管口的深度不小于50mm。预留孔封堵应平整	0302030102-电力电缆防火封堵成品
0302050101	指示牌	(1) 电力电缆路径警示牌主要用于电力电缆线路在绿化带、灌木丛、城乡结合部等地段，并与电力电缆路径标志块（桩）配合使用。直线段宜每间隔200m设置1块，平行线路走向竖立。字体为黑色。材料可采用铁牌、搪瓷、不锈钢、铝合金和复合材料等多种型式、立柱材料自定要求固定采用防盗螺栓。 (2) 标注内容：上部为三角形警示符号；下部注明电力电缆线路国家电网有限公司标记；根据电压等级标注电压等级字样（如不同电压等级标注电压等级（电力电缆110kV）；单位名称；警示标语（电力电缆通道，请勿挖掘）和电力服务热线（95598）	宜每隔200m设置一块，平行线路走向设立，字体大小应便于辨认，方向指示与实际方向一致	0302050101-电力电缆指示牌图样

续表

工艺编号	工艺名称	工艺标准	施工要点	预期成品图片示例
0302050102	指示桩	（1）电力电缆线路径指示桩，主要用于电力电缆线路在绿化隔离带、风景区绿化带、灌木丛等设置电力电缆路径标志夹不明显的地方。直线段宜每隔同隔100m设置1座。一般设置在直线井、三通井、四通井和转角工作井处。直线段较长时，在两隔工作井之间加设标志桩。直埋电力电缆在直线段每隔50～100m处，电力电缆接头处、转弯处、进入建筑物等处，应设置明显的方位标志或 （2）底版为混凝土本色或白色，字体为黑体。材料可采用水泥预制桩，为防止偷盗，宜采用非金属多种材料，复合材料桩等材料。 （3）标注内容：根据电力电缆线路不同电压等级标注字样（如110kV）；电力电缆线路径走向、单位名称（如杭州州电力）和警示标语（电缆通道，请勿挖掘）和电力服务热线（95598）	按直线段宜每隔100m和电力电缆转弯处设置。有字面应设置在电力电缆转弯处便于观测。方向指示应与实际情况一致	0302050102 -电力电缆指示桩图样
0302050105	铭牌	（1）电力电缆线路的终端铭牌由线路名称、相位、对端的设备终端组成。终端铭牌上应悬挂终端铭牌。 （2）城市电网电力电缆线路应在电力电缆终端头、人孔及工作井处、电力电缆隧道内拐弯处、电力电缆分支处以及直线段50～100m处设置电力电缆标志牌。 （3）接地箱、换位箱、回流箱等装设部位应挂相应铭牌	（1）使用搪瓷铭牌时黑底白字，用螺栓安装固定在电力电缆终端支架上。 （2）使用铝合金铭牌时蓝底白字，用尼龙扎带绑扎固定在电力电缆本体上	0302050105 -电力电缆铭牌图样

5.4 电力电缆接头制作预处理

5.4.1 基础知识及相关规程

5.4.1.1 电力电缆主绝缘界面的性能

（1）主绝缘表面的处理。高压交联电力电缆附件中，电力电缆主绝缘表面的处理是制约整个电力电缆附件绝缘性能的决定因素，是电力电缆附件绝缘的最薄弱环节。对 110kV 及以上电压等级的高压交联电力电缆附件来说，电力电缆本体绝缘表面尤其是与预制件相接触部分绝缘及绝缘屏蔽处的超光滑处理是一道十分重要的工艺，电力电缆绝缘表面的光滑程度与处理的砂纸目数相关，因此在 110kV 及以上电压等级的电力电缆接头制作预处理中，至少应使用 400♯ 及以上的砂纸进行光滑打磨处理。

（2）界面压力。110kV 及以上电压等级的高压交联电力电缆附件界面的绝缘强度与界面上所受的压紧力呈指数关系。界面压力除了取决于绝缘材料特性外，还与电力电缆绝缘的直径的公差偏心度有关。因此，在 110kV 及以上电压等级的电力电缆终端头制作过程中，必须严格按照工艺规程处理界面压力。

5.4.1.2 主绝缘回缩

在 110kV 及以上电压等级的高压交联电力电缆生产过程中，电力电缆绝缘内部会留有应力。这种应力会使电力电缆导体端部附近的绝缘有向绝缘体中间呈收缩的趋势。当切断电力电缆时，就会出现电力电缆端部绝缘逐渐回缩并露出线芯。一旦电力电缆绝缘回缩，将严重影响工艺尺寸和应力锥的最终位置，并有可能在界面处产生气隙，导致击穿。因此，在 110kV 及以上电压等级的电力电缆接头预处理中，必须做好电力电缆加热校直工艺，确保上述应力的消除与电力电缆笔直度。

5.4.1.3 相关规程

（1）《额定电压 110kV（U_m＝126kV）交联聚乙烯绝缘电力电缆及其附件 第 3 部分：电缆附件》（GB/T 11017.3—2014 ）。

（2）《电气装置安装工程质量检验及评定规程 第 5 部分：电缆线路施工质量检验》（DL/T 5161.5—2018）。

（3）《电气装置安装工程 电缆线路施工及验收标准》（GB 50168—2018）。

（4）《国家电网有限公司输变电工程质量通病防治手册（2020 年版）》国家电网有限公司基建部，北京：中国电力出版社。

5.4.2 施工前准备及场地布置

5.4.2.1 技术准备

（1）完成对施工人员的安全技术交底。

（2）施工前应仔细阅读附件厂商提供的安装图纸、制作尺寸及工艺要求。

（3）附件施工前应对电力电缆外护层进行绝缘测试。

（4）将电力电缆固定在支架上，定出电力电缆长度，锯除多余电力电缆，支架上的电力电缆端头应临时密封。

5.4.2.2　材料准备

（1）电力电缆接头制作预处理前应注意检查附件零部件的形状、外壳是否损伤，件数是否齐全，对各零部件尺寸按图纸进行校核。

（2）检查附件材料的合格证及检测报告是否齐全。

（3）检查工器具及安装用的图纸与工艺是否齐备。

5.4.2.3　场地布置

（1）电力电缆接头制作预处理的施工场地应平整并保持整洁，提供充足的施工用电并确定工具与材料堆放场地。

（2）严格控制施工现场温度在0℃以上且不宜过高，并确保操作人员不滴汗。

（3）严格控制施工现场相对湿度应控制在75％及以下，当相对湿度大时，应采取适当除湿措施。

（4）控制施工现场的清洁度，当浮尘较多时应搭制工棚进行隔离，并采取适当措施净化施工环境。

（5）电力电缆接头制作预处理施工场地外应设置全封闭围栏，禁止无关人员进入。

（6）施工现场应用雨布和防尘材料妥善封闭起来，并配备灭火器和足够的照明。

5.4.3　工器具及材料选择

电力电缆接头制作预处理施工工器具及材料表见表5-11。

表5-11　　　　　　电力电缆接头制作预处理施工工器具及材料表

序号	名　称	规格及型号	数量	备　注
1	临时支架		1套	
2	电锯		1把	
3	电吹风	1800W	1个	
4	液化气罐及喷枪		1套	
5	加热校直工具		1套	
6	护套切割工具		1套	
7	绝缘剥切刀		1把	
8	玻璃片	3mm×30mm×100mm	10块	
9	砂皮机		1把	
10	常用钳工工具		1套	
11	常用测量工具		1套	水平尺、游标卡尺、钢尺、卷尺、温湿度计等
12	钢锯		1把	
13	锯条		3根	
14	不起毛白布		3块	
15	无毛清洁纸		1包	
16	保鲜膜		1卷	
17	塑料套	φ30mm	10m	
18	绝缘砂纸	120#/240#/320#/400#/600#	各3m	

电力电缆附件安装专用工器具由安装人员自行配备,但所有工器具需有合格证明,在试验有效期内。所有电力电缆附件安装用计量器具必须有检验合格证明,且在使用有效期内。

5.4.4　施工过程

5.4.4.1　切割电力电缆及电力电缆外护套的处理

(1) 将电力电缆固定于支架,检查电力电缆长度,确保电力电缆在安装附件时有足够的长度和适当的裕量。

(2) 根据工艺图纸要求确定电力电缆最终切割位置,预留 200~500mm 裕量,分别做好标记。

(3) 根据工艺图纸要求确定电力电缆外护层剥除位置,将剥除位置以上部分的电力电缆外护层剥除。

(4) 剥除铝护套应用工具仔细地从剥除位置(宜选择在波峰处)起沿着波纹退后一节成环并锉断金属护套,操作时不应损伤电力电缆绝缘,护套断口应进行处理,去除尖口及残余金属碎屑。

(5) 在最终切割标记处用电锯沿电力电缆轴线垂直切断,要求导体切割断面平直。

5.4.4.2　电力电缆加热校直处理

附件安装前应进行交联聚乙烯电力电缆加热校直,通过加热达到下列工艺要求:

(1) 110kV 交联聚乙烯电力电缆弯曲度,每 400mm 长,最大弯曲偏移在 2~5mm 范围内。

(2) 加热校直的温度(绝缘屏蔽处)宜控制在 75℃±3℃,加热时间宜不小于3h,保温时间宜不小于 60min。至少冷却 8h 或冷却至常温后采用校直管校直。

5.4.4.3　主绝缘表面预处理

(1) 根据工艺和图纸要求,确定主绝缘屏蔽层剥切点,使用玻璃片尽可能地剥除外半导电层,去掉绝缘表面的残留、刀痕,尽可能使其光滑。

(2) 从剥切电力电缆开始应连续操作直至完成,应缩短绝缘暴露时间。剥切电力电缆时不应损伤线芯和保留的绝缘层、半导电屏蔽层,外护套层、金属屏蔽层、铠装层、半导电屏蔽层和绝缘层剥切尺寸应符合产品技术文件要求。附加绝缘的包绕、装配、热缩等应保持清洁。

(3) 再使用玻璃片进行刮擦,在绝缘层与外半导电屏蔽层之间做成一定长度的光滑平缓的锥形过渡,过渡部分锥形长度宜控制在 20~40mm,绝缘屏蔽断口峰谷差宜按照工艺要求执行,如未注明建议控制在小于 5mm。

(4) 电力电缆主绝缘表面应进行打磨抛光处理,一般应采用 240~600♯ 及以上砂纸,110kV 及以上电力电缆应尽可能使用 600♯ 及以上砂纸,最低不应低于 400♯ 砂纸。

（5）初始打磨时可使用打磨机或 240♯ 砂纸进行粗抛，并按照由小至大的顺序选择砂纸进行打磨，打磨时每一号砂纸应从四个方向打磨 10 遍以上，直到上一号砂纸的痕迹消失，要求绝缘表面没有杂质、凹凸起皱以及伤痕。

（6）打磨抛光处理重点部位是绝缘屏蔽断口附近的绝缘表面，打磨处理完毕后应测量绝缘表面直径，测量时应多选择几个测量点，每个测量点宜测两次，确保绝缘表面的直径达到设计所规定的尺寸范围，测量完毕后应再次打磨抛光测量点去除痕迹；测量结果得出的绝缘厚度及偏心度应符合产品技术文件要求，绝缘表面应光滑、清洁，防止灰尘和其他污染物黏附。绝缘处理后的工艺过盈配合应符合产品技术文件要求，绝缘屏蔽断口应平滑过渡。

（7）不得使用砂纸往复处理外半导电屏蔽层与绝缘层，避免将半导电颗粒带入绝缘层，打磨抛光处理完毕后，应使用平行光源检查绝缘表面的粗糙度，并按照工艺要求进行控制（110kV 电力电缆应不大于 $300\mu m$）。

（8）主绝缘处理完成后，应按照厂商工艺要求对外半导电绝缘屏蔽层与绝缘之间的过渡进行精细处理，要求过渡平缓，不得形成凹陷或凸起。

（9）最后使用塑料薄膜（保鲜膜）覆盖抛光过的绝缘表面。

5.4.5　施工要点

5.4.5.1　安全要点与控制要求

（1）制作电力电缆头前应先搭好临时工棚，工作平台应牢固平整并可靠接地，便于清洁、防尘。

（2）搬运电力电缆人员应相互配合，轻抬轻放，防止损物、伤人。

（3）使用液化气时，应先检查液化气瓶减压阀是否漏气或堵塞，液化气管是否破裂，确保安全可靠。

（4）液化气枪使用完毕应放置在安全地点冷却后装运，液化气瓶要轻拿轻放，不能同其他物体碰撞。

（5）液化气枪点火时，火头不得对人，以免人员烫伤，其他工作人员应与火头保持一定距离。

（6）工棚内必须设置专用保护接地线，安装触电保护器，且所有移动电气设备外壳必须可靠接地，认真检查施工电源，杜绝触、漏电事故，按设备额定电压正确接线。

（7）工棚内设置专用垃圾桶，施工后废弃带材、绝缘胶或其他杂物应分类堆放，集中处理，严禁破坏环境，每个工棚内必须配置足够的专用灭火器，并有专人值班，做好防火措施。

（8）用刀或其他切割工具时，正确控制切割方向，用电锯切割电力电缆，工作人员必须带防护眼镜，打磨绝缘时必须佩戴口罩和护目镜。

（9）施工现场装设围栏，悬挂"在此工作"标识牌。

（10）施工完毕后，按规定将电力电缆可靠固定在支架上，并确认卡箍内衬垫有耐酸橡胶。

5.4.5.2 控制要点与工作要求

控制要点与工作要求见表 5－12。

表 5－12 控制要点与工作要求

工 序	控 制 要 点	操 作 事 项	工 作 要 求
施工准备工作	确保工器具完备可用	检查工器具	完成工器具检查工作
	确保产品质量合格	验收附件材料	完成材料验收工作
	确保施工人员掌握工艺流程	施工工艺交底	完成施工人员现场交底
切割电力电缆及电力电缆护套的处理	确保后续工序施工	剥除电力电缆外护套	符合工艺要求，无防腐剂残余
		去除半导电层	长度符合工艺要求
		剥除金属护套	符合工艺要求，无金属末残余
电力电缆加热校直处理	防止电力电缆过热	控制好电力电缆绝缘温度	电力电缆绝缘不得过热，控制在 75～80℃
	确保加热校直效果	有充足时间加热校直	加热校直时间不宜过短，控制在 3h 以上
		减少电力电缆弯曲度	小于 2～5mm/400mm
电力电缆主绝缘预处理	确保电力电缆主绝缘表面光滑，提高界面击穿场强	主绝缘表面用砂纸精细加工	使用 400# 以上绝缘砂纸打磨
		外半导电层与主绝缘层的台阶应形成平缓过渡	按照附件厂商工艺尺寸处理
		主绝缘直径与应力锥尺寸匹配	检查主绝缘直径与应力锥尺寸

5.4.6　工艺标准

电力电缆附件安装施工质量标准执行《国家电网公司输变电工程施工工艺管理办法》，全面应用"标准工艺"（包括："一、施工工艺示范手册""二、施工工艺示范光盘""三、工艺标准库""四、典型施工方法"），见表 5－13 和表 5－14。

表 5－13 电力电缆附件安装施工质量标准工艺

序号	工 艺 名 称	工 艺 标 准 号
1	交联电力电缆预制式中间接头安装（110kV 及以上）	0302020103
2	交联电力电缆预制式终端安装（110kV 及以上）	0302020104
3	接地箱、换位箱	0302020202
4	接地线	0302040101

表 5 - 14

电力电缆附件安装施工质量工艺标准及施工要点

工艺编号	工艺名称	工艺标准	施工要点	预期成品图片示例
0302020103	交联电力电缆预制式中间接头安装（110kV 及以上）	(1) 按照制造商工艺文件制作。 (2) 中间接头所连接的结构型式与电力电缆所连接的电气设备的特点必须相互配合。 (3) 终端其连接金具必须具有与接地用接线端子。 (4) 接地线（网）连接应满足电气要求	(1) 接头制作时应搭棚、空气湿度、温度必须满足工艺安装规定。 (2) 按照工艺要求对电力电缆进行校潮。 (3) 按照工艺要求对电力电缆进行加热校直，每 600mm 弯曲度不大于 2~4mm。 (4) 剥切电力电缆护层时不得损伤下一层结构，护套断口要均匀整齐。不得有尖角及缺口。 (5) 绝缘镜面处理后对直径的要求。通过 X、Y 轴多点测量的公差，判断绝缘是否符合过盈配合要求、绝缘表面处理应光洁、对称。 (6) 外半导电屏蔽层剥切点，形成一定长度的平滑、光洁的锥形过渡（半导电层硫化处）。 (7) 选择六角形或围压进行压接，压接后接表面应保持光洁无毛刺。 (8) 预制件定位前应在接头两侧做标记，使用专用进件工具，定位后检查预制件表面是否有损伤。预制件扩张后一般不宜超过 4h。 (9) 接地网、线锡焊要牢固。 (10) 搪铅密封应对称、密实。 (11) 直埋式接头安装保护盒，防止外力破坏。 (12) 接头换位安装：同轴电力电缆的内外芯应一致，交叉互联跨接排方向应统一	
0302020104	交联电力电缆预制式终端安装（110kV 及以上）	(1) 按照制造商工艺文件制作。 (2) 终端的结构型式与电力电缆所连接的电气设备的特点应与相适应，设备终端和 GIS 终端应有各自要求的接口装置，其连接金具必须相互配合。 (3) 终端尾管必须具有与接地用接线端子。 (4) 接地线（网）连接应满足电气要求	(1) 按照工艺文件要求、检查附件尺寸及支架尺寸是否对应。 (2) 搭建终端脚手架，接头区域搭棚控制现场温度、相对湿度、保持清洁度。 (3) 按工艺要求，对电力电缆进行校潮、加热校直。 (4) 确定金属护套剥切点，打磨金属护套口去除毛刺以防损伤绝缘。 (5) 按工艺要求，选择六角形或围压进行压接，压接后压接管表面应光洁无毛刺。	0302020103 - 电力电缆中间接头安装成品

续表

工艺编号	工艺名称	工艺标准	施工要点	预期成品图片示例
0302020104	交联电力电缆预制式终端安装（110kV及以上）	（1）金属护套的绝缘应完整良好，金属护套之间连接采用裸导线，一般采用同轴电力电缆。尺寸符合设计要求。 （2）同轴电力电缆绝缘层绝缘耐压相适应。 （3）电力电缆外护层接地截面300mm²及以上时接线鼻子应采用双眼螺栓固定	（6）外半导电屏蔽层和外半导电层之间形成一定长度平滑、光洁的锥形过渡（半导电层硫化处理）。 （7）绝缘镜面处理对直径的要求，通过X、Y轴多点测量的公差，判断绝缘是否符合过盈配合要求，绝缘表面处理光洁，对称。 （8）套入瓷套前，应确认套入部件的次序和方向，用力的上金具、瓷套密封，尾套密封可用力矩扳手拧紧。 （9）将尾管口金属护套处进行密封处理，要求密封可靠，无渗漏	0302020104 -电力电缆预制式终端安装成品
0302020202	接地箱、换位箱	（1）电力电缆导体截面的选择应满足规划载流量和系统最大短路电流热稳定的要求。 （2）接地线沿建筑物壁水平安装时，离地面距离宜为250~300mm，接地线与端墙间的间隙宜为10~15mm。 （3）明敷接地线（接地排）应在每个区段或者可接触到的地方，表面添以用15~100mm宽度相等的绿色和黄色相间的条纹。在绿色和黄色相间处，均应刷白色底漆并在临时接修时应用临时接地符号。 （4）终端接地线应用接线端子直接与接地干线相连。 （5）箱体与支架相连，接地干线应与接地网直接相连	（1）剥切接地绝缘电力电缆或电力电缆，注意外芯导体整齐，在圆周上均匀分布。 （2）选用适合的压接钳和匹配的压接模具，将接地到电力电缆上。若是同轴电力电缆，保证接地连接良好。 （3）箱体安装后接上接地线，在同轴电力电缆上正确绕包相色带 （4）根据接头盒引出相位，正确绕包相色带	0302020202、0302040101 -电力电缆接地箱及接地线安装成品
0302040101	接地线	（1）电力电缆导体截面的选择应满足规划载流量和系统最大短路电流热稳定的要求。 （2）接地线沿建筑物壁水平安装时，离地面距离宜为250~300mm，接地线与端墙间的间隙宜为10~15mm。 （3）明敷接地线（接地排）应在每个区段或者可接触到的地方，表面添以用15~100mm宽度相等的绿色和黄色相间的条纹。在绿色和黄色相间处，均应刷白色底漆并在检修用临时接地符号。向建筑物入口处和检修用接地端子以接地符号。 （4）终端接地线应用接线端子直接与接地干线相连。 （5）箱体与支架相连，接地干线应与接地网直接相连	（1）安装位置不应妨碍设备的拆卸和检修，便于检查。 （2）接地线应按垂直或水平安装，亦可与建筑物倾斜结构平行安装，在直线段上不应有高低起伏及弯曲等状况。 （3）接地线跨越建筑物伸缩缝、沉降处时，应设补偿器，补偿器可用接地线本身弯成弧状代替。 （4）中间接头的接地线应按照附件设计图纸进行。 （5）每个电气装置的接地应以单独的接地线与接地干线相连，不得在一个接地线中串接几个需要接地的电气装置。 （6）接线的做接线端子宜采用压接方式。 （7）接地线应有明显的接地标识。	

5.5　电力电缆试验

5.5.1　电力电缆试验概述

电力电缆工程施工过程中，电力电缆及其附件在开盘、敷设、安装完毕后，由于安装、运输及现场敷设等因素，即使已通过出厂试验的电力电缆及附件的电气性能也可能遭受影响。因此，为了验证电力电缆线路的可靠性，避免在施工过程中出现的缺陷影响电力电缆线路的安全运行，需要通过试验的方法进行各环节的验收。

电力电缆试验分为施工过程中的例行试验和验收投运前的交接试验，施工过程中的例行试验包括电力电缆到货开盘后的外护套绝缘电阻测量、电力电缆敷设到位后附件安装前的外护套绝缘电阻测量、电力电缆线路两端核相、接地电阻测量，验收投运前的交接试验则包括外护套绝缘电阻测量、主绝缘交流耐压试验、电力电缆线路两端核相、交叉互联系统试验、避雷器试验、线路参数试验、接地电阻测量等。

本文将针对电力电缆施工过程中所涉及的外护套绝缘电阻测量、电力电缆线路两端核相、接地电阻测量的相关试验内容进行介绍。

5.5.2　外护套绝缘电阻测量试验

（1）试验目的。测量绝缘电阻是检查电力电缆线路绝缘状态最简单、最基本的方法。测量绝缘电阻一般使用绝缘电阻表，可以检查出电力电缆外护套是否存在明显缺陷或损伤。

（2）试验原理。电力电缆线路的绝缘电阻大小同加在电力电缆导体上的直流测量电压及通过绝缘的泄漏电流有关，绝缘电阻和泄漏电流的关系符合欧姆定律，即

$$R = \frac{U}{I} \tag{5-9}$$

绝缘电阻的大小取决于绝缘的体积电阻和表面电阻的大小，把直流电压 U 和绝缘的体积电流 I_v 之比称为体积电阻 R_v，U 和表面泄漏电缆 I_s 之比称为表面电阻 R_s，即

$$R_v = \frac{U}{I_v} \tag{5-10}$$

$$R_s = \frac{U}{I_s} \tag{5-11}$$

正确反映电力电缆绝缘品质的是绝缘的体积电阻 R_v。

（3）试验方法及要求。

1）测量绝缘电阻时，应分别在电力电缆的每一相上进行。对一相进行测量时，其他两项导体、金属屏蔽或金属套和铠装层一起接地。试验结束后应对被试电力电缆

进行充分放电。

2）110kV 电力电缆外护套绝缘电阻测量应采用 2500V 及以上电压的绝缘电阻表。

3）耐压试验前后，绝缘电阻应无明显变化。电力电缆外护套绝缘电阻不低于 0.5MΩ·km。

（4）试验设备。可采用手摇式绝缘电阻表或兆欧表进行绝缘电阻的测量。

5.5.3 电力电缆线路两端相位核相试验

（1）试验目的。电力电缆线路在敷设、安装附件后，为了保证两端的相位一致，需要对两端的相位进行检查，这项工作对于单个用电设备关系不大，但对于输电网络、双电源系统和有备用电源的重要用户等有重要意义。

在三相制电力网络中，三相之间有固定的相角差。电气设备与电网之间、电网与电网之间连接的相位必须一致才能正常运行。电力电缆线路连接电网和电气设备必须保证两端的相位一致，所以电力电缆线路安装竣工或经检修后都要认真进行核相工作。

（2）试验方法及要求。核相试验包括干电池法和绝缘电阻表法两种方法，在当前工程实践中，多采用绝缘电阻表法核相。

采用绝缘电阻表法核对相位时，将电力电缆两端的线路接地开关拉开，对电力电缆进行充分放电，对侧三相全部悬空，将测量线一端接绝缘电阻表"L"端，另一端接绝缘杆，绝缘电阻表"E"端接地。通知对侧人员将电力电缆其中一相接地（以 A 相为例），另两相空开。试验人员驱动绝缘电阻表，将绝缘杆分别搭接三相芯线，绝缘电阻为零时的芯线为 A 相。试验完毕后，将绝缘杆脱离电力电缆 A 相，再停止绝缘电阻表。对被试电力电缆放电并记录。完成上述操作后，通知对侧人员将接地线接在线路另一相，重复上述操作，直至对侧三相均有一次接地。

5.5.4 接地电阻测量试验

（1）试验目的。接地装置是确保电气设备在正常和事故情况下可靠和安全运行的主要保护措施之一，接地电阻的测量主要是检查接地装置是否符合规程要求，及时发现接地引下线或焊点腐蚀、损坏情况。为了保证电力电缆设备和人身安全，按规程规定，电力电缆沟、电力电缆工井、电力电缆隧道等电力电缆线路附属设施的所有金属构件都必须可靠接地。

（2）试验方法及要求。采用接地电阻测试仪测量接地电阻，接线如图 5-21 所示。

依据《电力电缆及通道运维规程》（Q/GDW 1512—2014）和《城市电力电缆线路设计技术规定》（DL/T 5221—2016）的规定：

1）电力电缆终端站、终端塔的接地电阻应符合设计要求。

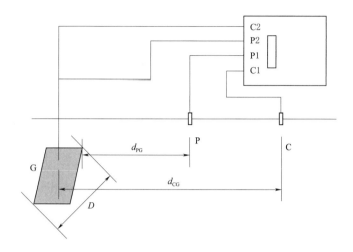

图 5 - 21　接地电阻测试仪接线示意图

G—被试接地装置；C—电缆极；P—电位极；D—被试接地装置最大对角线长度；
d_{CG}—电流极与被试接地装置中心的距离；d_{PG}—电位极与被试接地装置边缘的距离

2）电力电缆沟应合理设置接地装置，接地电阻应小于 5Ω。

3）每座工作井应设独立的接地装置，接地电阻不应大于 10Ω。

4）隧道内的接地系统应形成环形接地网，接地网通过接地装置接地，接地网综合接地电阻不宜大于 1Ω，接地装置接地电阻不宜大于 5Ω。

（3）试验设备。该试验用到的设备类型包括接地电阻测试摇表、钳形接地电阻测试仪等。

第6章

考试要求与考试内容

本书建议在经过一段时间的理论及技能实操培训后，组织安排每批次内新入职员工，分科目进行送电线路专业新入职员工施工技术达标考试，每门科目均包含理论知识考试与现场实操考试两门，考试要求与考试内容的相关概况如下文所述，考题可根据本章 6.2 节考试内容由考务组自行拟定，建议考务组根据考卷难易程度，设定总分值的 80%～90% 作为及格达标线。

6.1 考试要求

6.1.1 理论知识考试要求

（1）理论知识考试形式为笔试，采用闭卷方式进行，考试时间为 60min。

（2）考生须提前 5min 进入考场，考试开始后 30min 可提前交卷（考试结束前 5min 内不得提前交卷）。

（3）考生不得携带手机、纸张等与考试无关物品进入考场，草稿纸由监考人员统一发放。

（4）考试过程中考生不得做与考试无关的事情（如吸烟、进食等）。

（5）考生作答之前应检查考卷印刷情况，如遇考卷漏印、错印、印刷不清等问题，应及时举手向监考人员反馈情况，不得擅自离开座位。

（6）考生须服从工作人员管理，接受监考人员的监督和检查。

（7）考试结束时，考生应立刻停笔并坐于原位，待监考人员收集考卷并确认无误后方可离场。

6.1.2 现场实操考试要求

（1）现场实操考试形式为个人独立动手操作，考试时间 60min。

（2）考生须提前 15min 进入考试场地，并在等候区进行登记检录。

（3）考生须提前 5min 于等候区内做好个人安全防护用具的穿戴以及工器具的配置。

（4）考生不得携带手机、纸张等与考试无关物品进入考场。

（5）考试过程中考生不得做与考试无关的事情（如吸烟、进食等）。

（6）考生在等候区及考场内进行考试时应保持严肃，不得大声喧哗、干扰考生及监考人员。

（7）考生在实操考试时应严格按照安全规程的要求，当发现有违反安全要求的情况时，立即停止考试并取消该科目的成绩。

（8）考生须服从工作人员管理，接受监考人员的监督和检查。

（9）考生操作完毕后，应举手示意监考人员，待监考人员确认后方可离场结束考试。

6.2 考试内容

6.2.1 杆塔组立施工考试内容

6.2.1.1 理论知识考试内容

（1）考试题型为选择题、判断题、识图填空题、简答题、计算题，依据为《国家电网有限公司电力建设安全工作规程 第 2 部分：线路》（Q/GDW 11957.2—2020）、《110kV～750kV 架空输电线路施工及验收规范》（GB 50233—2014）、《110kV～750kV 架空输电线路施工质量检验及评定规程》（DL/T 5168—2016）。

（2）选择题、判断题主要考察内容为杆塔组立施工的基础知识、安全知识、各项技术标准及要求。

（3）识图填空题主要考察工器具与金具的识别、施工场地的布置、施工现场图片纠错等。

（4）简答题主要考察不同方式组立杆塔的各自特点与区别，立塔、地锚及拉线设置、接地装置安装等环节的施工准备、施工方法、施工要点、注意事项以及相关工艺标准。

（5）计算题主要考察杆塔组立施工中所涉及的一系列受力分析与验算以及相应的工器具、机械设备的选用。

6.2.1.2 现场实操考试内容

（1）杆塔组立施工的现场实操考试内容为在线路全真模型上进行模拟杆塔组立施工的各项操作，共分为外拉线悬浮抱杆立塔、内拉线悬浮抱杆立塔、汽车吊立塔、地锚及拉线设置、接地装置安装五个部分，除地锚及拉线设置、接地装置安装两项为单人考试外，其余均为分组考试。

（2）外（内）拉线悬浮抱杆立塔考试内容为：考生结合模拟施工场地的实际情况，通过现场踏勘及计算分析，正确选用工器具并合理布置施工场地，做好抱杆起立施工准备，利用人字抱杆正确安装、起立外（内）拉线悬浮抱杆并进行一段塔材的起吊及安装。

（3）汽车吊立塔考试内容为：考生结合模拟施工场地的实际情况，通过现场踏勘及计算分析，正确选用工器具、汽车吊型号并合理布置施工场地，结合施工内容的工作幅度、工作半径、汽车吊的起重特性曲线以及起吊塔材的重量，确定吊机的站位、吊点位置及吊带（钢丝绳）的选取。

（4）地锚及拉线设置考试内容为：考生结合模拟施工场地的实际情况，通过现场踏勘及计算分析，正确选用工器具、地锚及拉线的型号，掌握单桩地锚、联桩地锚及拉线的设置方法以及工器具的使用。

（5）接地装置安装考试内容为：考生结合模拟施工场地的实际情况，通过现场踏勘及计算分析，正确选用工器具、接地引下线及接地极，熟练、规范安装接地引下线，会使用接地摇表测量接地电阻。

6.2.2 架线施工考试内容

6.2.2.1 理论知识考试内容

（1）考试题型为选择题、判断题、识图填空题、简答题、计算题，依据为《国家电网有限公司电力建设安全工作规程 第2部分：线路》（Q/GDW 11957.2—2020）、《110kV～750kV 架空输电线路施工及验收规范》（GB 50233—2014）、《110kV～750kV 架空输电线路施工质量检验及评定规程》（DL/T 5168—2016）。

（2）选择题、判断题主要考察内容为架线施工的基础知识、安全知识、各项技术标准及要求。

（3）识图填空题主要考察工器具与金具的识别、施工场地的布置、施工现场图片纠错等。

（4）简答题主要考察架线施工过程中张力放线、平衡挂线和紧线、弧垂观测、附件安装等环节的施工准备、施工方法、施工要点、注意事项以及相关工艺标准。

（5）计算题主要考察架线施工中所涉及的一系列受力分析与验算以及相应的工器具、机械设备的选用。

6.2.2.2 现场实操考试内容

（1）架线施工的现场实操考试内容为在线路全真模型上进行模拟送电线路导地线架设施工的各项操作，共分为张力放线、平衡挂线和紧线、弧垂观测、附件安装四个部分，除弧垂观测为单人考试外，其余均为分组考试。

（2）张力放线考试内容为：考生结合模拟施工场地的实际情况，通过现场踏勘及计算分析，正确选用工器具并合理布置施工场地，做好张力放线施工准备，合理设置放线滑车，正确使用模拟牵张机完成一个耐张段导线的展放。

（3）平衡挂线和紧线考试内容为：考生结合模拟施工场地的实际情况，通过现场踏勘及计算分析，正确选用工器具、安装滑车组，操作模拟绞磨机完成一个耐张段导线的平衡挂线，正确使用模拟压接管进行导线的压接，完成紧线。

（4）弧垂观测考试内容为：考生结合模拟施工场地的实际情况，合理选择观测档以及观测方法，通过分析计算以及实际操作，完成一档导线的弧垂观测调整。

（5）附件安装考试内容为：考生需要结合平衡挂线、紧线的内容，操作完成导、地线在耐张塔及直线塔上的金具连接、绝缘子串的组装、防震锤的安装等内容。

6.2.3 电力电缆电气安装施工考试内容

6.2.3.1 理论知识考试内容

（1）考试题型为选择题、判断题、识图填空题、简答题、计算题，依据为《国家电网有限公司电力建设安全工作规程 第 2 部分：线路》（Q/GDW 11957.2—2020）、《电气装置安装工程 电缆线路施工及验收标准》（GB 50168—2018）。

（2）选择题、判断题主要考察内容为电力电缆电气安装施工的基础知识、安全知识、各项技术标准及要求。

（3）识图填空题主要考察工器具与电力电缆结构的识别、施工场地的布置、施工现场图片纠错等。

（4）简答题主要考察电力电缆电气安装施工过程中输送机敷设电力电缆、电力电缆上塔、电力电缆接头制作预处理、电力电缆试验等环节的施工准备、施工方法、施工要点、注意事项以及相关工艺标准。

（5）计算题主要考察电力电缆弯曲半径的计算、牵引力与侧压力的计算以及相应的工器具、机械设备的选用。

6.2.3.2 现场实操考试内容

（1）电力电缆电气安装施工的现场实操考试内容为在线路全真模型上进行模拟电力电缆敷设及附件安装的各项操作，共分为输送机敷设电力电缆、电力电缆接头制作预处理和电力电缆试验三个部分，除电力电缆接头制作预处理为单人考试外，其余均为分组考试。

（2）输送机敷设电力电缆考试内容包含两个部分，分别为：

1）考生使用模拟电力电缆输送机展放一段电力电缆并完成电力电缆上塔，要求正确选用工器具以及合理设置绞磨机的牵引速度，同时应做好电力电缆输送机与绞磨机之间的启停配合，正确设置地面滑车、转角滑车，合理调控电力电缆转弯半径，保证电力电缆展放过程的质量。

2）考生结合模拟施工场地的实际情况，通过现场踏勘及计算分析，正确选用工器具、设置滑车组，合理调控电力电缆上塔部分的弯曲半径，正确设置抱箍并将一段电力电缆紧固在终端塔模型上。

（3）电力电缆接头制作预处理考试内容为：考生选用正确的工器具，按照工艺标准完成电力电缆接头制作预处理的电力电缆外护套剥除、半导电层处理、主绝缘处理等一整套流程。

（4）电力电缆试验考试内容为：考生应针对不同的试验项目，选择正确的试验设备，按照规范的试验方法进行试验，并能够正确得出试验数据且填写规范。

参 考 文 献

［1］ GB 50233—2014：110kV～750kV 架空输电线路施工及验收规范［S］. 北京：中国计划出版社，2015.

［2］ 尚大伟. 高压架空输电线路施工操作指南［M］. 北京：中国电力出版社，2007.

［3］ 汤晓青. 输电线路施工［M］. 北京：中国电力出版社，2008.

［4］ Q/GDW 11957.2—2020：国家电网有限公司电力建设安全工作规程 第 2 部分：线路［S］. 北京：中国电力出版社，2020.

［5］ 国家电力公司华东公司. 送电线路技术问答［M］. 北京：中国电力出版社，2003.

［6］ 国家电网有限公司. 国家电网有限公司输变电工程建设安全管理规定［M］. 北京：中国电力出版社，2021.

［7］ 住房和城乡建设部工程质量安全监管司. 建设工程安全生产技术〔M〕. 北京：中国建筑工业出版社，2008.

［8］ 国家电网有限公司基建部. 国家电网有限公司输变电工程标准工艺［M］. 北京：中国电力出版社，2016.

［9］ GB 50545—2010：110kV～750kV 架空输电线路设计规范［S］. 北京：中国计划出版社，2010.

［10］ DL/T 5168—2016：110kV～750kV 架空电力线路工程施工质量及评定规程［S］. 北京：中国电力出版社，2016.

［11］ DL/T 5343—2018：110kV～750kV 架空输电线路张力架线施工工艺导则［S］. 北京：中国电力出版社，2018.

［12］ DL/T 5106—2017：跨越电力线路架线施工规程［S］. 北京：中国电力出版社，2017.

［13］ DL/T 875—2016：架空输电线路施工机具基本技术要求［S］. 北京：中国电力出版社，2016.

［14］ DL/T 5285—2018：输变电工程架空导线（800m² 以下）及地线液压压接工艺规程［S］. 北京：中国电力出版社，2018.

［15］ Q/GDW 248—2008：输变电工程建设标准强制性条文实施管理规程［S］. 北京：中国电力出版社，2008.

［16］ 国家电网有限公司. 国家电网有限公司基建管理通则［M］. 北京：中国电力出版社，2021.

［17］ Q/GDW 12152—2021：输变电工程建设施工安全风险管理规程［S］. 北京：中国电力出版社，2021.

［18］ Q/GDW 10250—2021：输变电工程建设安全文明施工规程［S］. 北京：中国电力出版社，2021.

［19］ 国家电网有限公司. 国家电网有限公司输变电工程质量通病防治手册［M］. 北京：中国电力出版社，2020.

［20］ DL/T 5342—2018：110kV～750kV 架空输电线路工程铁塔组立施工工艺导则［S］. 北京：中国电力出版社，2018.

［21］ DL/T 5250—2010：汽车起重机安全操作规程［S］. 北京：中国电力出版社，2010.

［22］ 李靖，潘巍巍，吴将. 输电线路施工高处作业防坠技术［M］. 北京：中国水利水电出版社，2018.

［23］ 李庆林. 架空送电线路施工手册［M］. 北京：中国电力出版社，2002.

[24] 王文源. 输电线路施工与检修 [M]. 北京：水利电力出版社，1990.

[25] 潘雪荣. 高压送电线路杆塔施工 [M]. 北京：水利电力出版社，1984.

[26] 岑阿毛. 架空输电线路施工技术大全 [M]. 宁波：宁波出版社，1996.

[27] 王运祥. 高压架空输电线路架线施工 [M]. 北京：水利电力出版社，1990.

[28] 李博之. 高压架空输电线路施工技术手册（架线工程计算部分）[M]. 2 版. 北京：中国电力出版社，1998.